100% MDRT 建立菁英團隊絕密關鍵

（新修版）

周榮佳　朱國輝　著

商務印書館

謹以此書

獻給我的恩師林鉦瀚先生和

追求卓越正直的保險團隊主管。

責任編輯　楊賀其
裝幀設計　麥梓淇
排　　版　肖　霞
責任校對　趙會明
印　　務　龍寶祺

100% MDRT —— 建立菁英團隊絕密關鍵（新修版）

作　　者　周榮佳　朱國輝
相片提供　周榮佳
封面化妝及形象指導　Miu Fung make up and professional image
封面攝影　Raymond Kowk@MF visual image
封面攝影助理　Rason Lau@MF visual image
出　　版　商務印書館（香港）有限公司
香港筲箕灣耀興道 3 號東滙廣場 8 樓
http://www.commercialpress.com.hk
發　　行　香港聯合書刊物流有限公司
香港新界荃灣德士古道 220 至 248 號荃灣工業中心 16 樓
印　　刷　新世紀印刷實業有限公司
香港柴灣利眾街 44 號泗興工業大廈 13 樓 A 室
版　　次　2023 年 7 月第 1 版第 1 次印刷

ISBN 978 962 07 6707 4
Printed in Hong Kong

目錄

推薦序

作者序

第 6 章 新陳代謝

第 7 章 培訓

第 8 章 目標

第 9 章 督導

第 10 章 100% MDRT

推薦序

我與 Wave 於廿多年前已相識，見證他在大學畢業後便加入保險理財行業，入行兩年就奪得 MDRT 殊榮，2009 年更獲得 MDRT 終身會員資格，其團隊由只有寥寥數人，一直擴展至逾 200 人，2016 年創造了 100% MDRT 神話，非常成功。

清代名臣曾國藩曾説：「天下斷無易處之境遇，人間那有空閒的光陰。」一個人奪 MDRT 資格殊不容易，要整隊人都獲 MDRT，締造一個 100% MDRT 歷史紀錄更是難上加難。始終團隊由人組成，而處理人與人的關係是世上最艱難的事。

看過 Wave 的著作，大家便會明白他有此輝煌成績，背後其實付出了很多心血與努力。Wave 將他多年來遇過的管理團隊難題一一詳載於書內，箇中辛酸，相信每一個管理過團隊的保險人必定感同身受。惟 Wave 抱着堅定不移的信念，逐一拆解每個難題，更建立一套獨特的管理系統，令團隊發展更有效率。

書中記錄的團隊管理系統細節，由建立團隊之初要如何甄選及招募人才，到成立團隊之後要如何進行培訓及督導，甚至在帶領一個團隊時，領導需要注意的事項，都毫無保留地揭示人前。這些全是他的經驗之談，內容彌足珍貴。

看畢這本書，腦海隨即浮現《易經》一句名言：「天行健，君子以自強不息。地勢坤，君子以厚德載物。」君子處世要像天一樣，自我力求進步，發憤圖強；亦要像大地一樣，有容載萬物的厚德。「自強不息，厚德載物」後來更成為清華大學的校訓。

Wave 從不因害怕失敗而放棄，遇到困難不找藉口去逃避，在完成 100% MDRT 宏願後，現正朝下一個更大的目標進發，這都是「自強不息」的寫照。而他毫不吝嗇地將箇中管理竅門公諸於世，也體現了「厚德載物」的美德。祝願 Wave 能夠百尺竿頭，更進一步。

林文德先生

友邦香港及澳門榮譽主席

推薦序

我視 Wave 為我的徒弟；在他讀初中時已認識他，跟他的家人也很熟絡。看着他入行，由低做起，到有今天的成就，創造 100% MDRT 團隊的傳奇，還有出版自己著作，就好像看着自己的家人出人頭地一樣，非常高興。

書中，Wave 提及很多有關建立團隊的經過，還有帶領及管理團隊的實戰心得，包括如何招聘新人，以及如何應付父母的反對。這不禁令我想起當初招募 Wave 入行的經過。

Wave 大學畢業時已對保險理財行業很有憧憬，當時直覺告訴我，他在保險理財行業應大有作為。於是，我邀請他到我的辦公室商討發展大計，不知不覺與他傾談了三小時，過程十分順利，但想不到最大的阻力，竟來自 Wave 的母親。

在 90 年代，大學生較稀有，不像今天般隨處可見，Wave 的母親認為一個大學生做保險這行，彷彿浪費了多年學業。再者，她覺得保險理財行業經常要面對品流複雜的人客，所以極力反對兒子入行。我花了很長時間和很多唇舌，釋除她對保險理財行業的誤解，並讓她明白從事保險理財行業對個人成長的好處，最後她才首肯讓 Wave 加入我的保險團隊。

事實上，我見過不少有能力的新人，他們理應有好成績，可是在父母的反對下放棄保險事業，確實十分可惜。今次 Wave 的著作中，分享了用一餐飯的時間、短短幾個問題，巧妙地把家人的反對轉化為支持。此外，還有獨創的「八步成招」、「DOOPARS 七部曲」、「5A 評估法」等等，都相當實用。

書中另一個很有意思的地方，是十分強調「先選後招」、寧缺莫濫，必須找有能力的同道中人加入。看到 Wave 的表現，便不能不認同這個理念。

Wave 是一個問題青年，入行後一直十分勤力，見客多自然問題也多，遇有不明白馬上提問。還記得他入行首兩年，我幾乎每晚都與他通電話一小時，現在他雖已貴為總監，但我們仍每週通電話交談問好，分享工作生活的點滴。

他就是一個活生生的楷模，告訴大家一個人有熱誠，事業上取得成功的機會亦會大增。更難得的是，他有今天的成就仍懂得尊師重道、飲水思源，與我亦師亦友，令我十分放心。若然一個團隊中個個都是 Wave，相信這團隊必定成就無限。

林鉦瀚先生
友邦香港高級資深區域總監

推薦序

要成功，目光必須夠遠，志氣必須夠大。如想在壽險業有傑出成就，就更加需要有高瞻遠矚的思想。很簡單，剛入行的新人，人脈少，收入低，如果只着眼於當下的成績，必定很易放棄；若將目光放遠一點，積極自我增值，拓闊人脈，讓其他人相信你的專業和服務，他日生意便會源源不絕。

記得 2001 年一個在日本大阪舉行的海外會議，Wave 也有出席。當時他還未升職，於是我鼓勵他，「辛苦三五年，風光三十年。」「你的老闆有很多銀紙，可是你沒有很多，但你有很多日子，你可以用日子換銀紙。」

想不到 Wave 竟然把這兩句說話牢牢記在心中，付諸實行。在他的著作中，處處看到他深思熟慮，並抱着堅定的意志去完成自己的計劃。最初，他矢志要建立一支以大學畢業生為骨幹的團隊，就是看到未來金融服務要走專業的路線。在他落實計劃後，就積極去實現，當年儘管有非大學畢業生主動請求加入，他也忠於自己的初衷，一一婉拒，寧願將那些人才轉介給其上司。

Wave 又在二十年前看到內地抵港客戶龐大的發展潛力，於 2002 年把握機會，花了九個月請了他第一位內地來港升讀大學的畢業生，比其他人更快捷足內地抵港客戶市場；於 2013 年更全面進軍這市場，完全捕捉這個新浪潮，業務因此蒸蒸日上。之後，Wave 未有因此停下腳步，他把目光放得更遠，以其獨特的領導和管理方式，在短短數年間快速擴充團隊，結果 2016 年創造了 100% MDRT 傳奇。

我與 Wave 都有着相同的信仰，樂於分享和幫助別人。故此，Wave 也不忘利用休息時間將其建立團隊的過程、管理心得，甚至整套管理系統如何執行等細節結集成書，讓其他同業也可分享其 100% MDRT 的成果。

我誠意推薦這本書給大家，特別是想帶團隊或已帶團隊的同業，無論你現在是甚麼職級也一定有所啟迪。

容永祺先生
銀紫荊星章、榮譽勳章、太平紳士
友邦香港區域執行總監及榮譽顧問
香港十大傑出青年
亞太壽險總會主席 1996-1997
世界華人保險大會聯席主席 2003

推薦序

我與 Wave 相識在一個公開論壇上，我倆同是演講嘉賓；Wave 從事保險銷售，且做得非常出色。由於論壇採用對談的形式，我有機會了解 Wave 如何組織及領導他的團隊。我對 Wave 的印象特別深刻，因為他能夠將書中的商業理論和營商策略，完完全全應用到現實之中，並打造了一支 100% MDRT 團隊，締造歷史紀錄。

Wave 懂得用 SWOT 分析自己的優點和弱點，又深明市場定位及建立品牌的重要性，一早看準年青兼高學歷的人才市場，目標是打造一支專業兼有活力的團隊，所以其招募、培訓等策略都是圍繞這個定位而設計，迎來事業第一個突破。為了提升核心競爭力，他其後大力拓展內地生來港市場，吸納「非本地畢業生留港 / 回港就業安排」(Immigration Arrangement for Non-local Graduate, IANG) 計劃下的畢業生，將事業推上另一高峰。

我好奇 Wave 何以懂得運用營商理論，是否有高人相授？意外地發現他原來是看了我有份參與的電台電視節目「勝在營銷」，從中自學市場定位、營銷等理論，讓我有股識英雄重英雄之感。雖然認識 Wave 的時間不算很長，但我倆一見如故，所以他邀請我為他的著作寫序時，我馬上答應。

很多少年得志的人都會沾沾自喜，然後鬆懈下來，繼而被人超越。但 Wave 時刻在挑戰自己，不斷尋求突破，訂立一個比一個更高的目標。難得的是他事業有成後，仍能保持一顆謙卑的心，待人真誠，更不介意將自己的成功心得公諸於世。

Wave 把自己的經歷結集成書，雖然著作主要講述保險理財行業，但當中穿插了各種各樣的營商策略和領導技巧，好讓大家融會貫通，應用在實戰中。另外，書中還滲透了不少成功人士必須具備的價值觀，所以十分適合不同管理層，或是有意創業的人士閱讀。

陳志輝教授
銀紫荊星章，太平紳士
大灣區商學院校長
香港中文大學市場學系榮休教授

推薦序

曾幫很多著作寫序，但收到 Wave 要求我幫他的書寫序時，內心還真的有些激動。

在近 40 年保險業的生涯中，碰過無數傑出的業界精英和人才，但 Wave 是另類的，獨特的。這不單指他和團隊的業績，還有他的經營理念和方法是循着保險正道而行—有所為有所不為；在目前這浮躁的大環境下，是非常不容易的。

我真誠地向業界推薦這本書。這本書沒有太多自我宣傳，而是紮紮實實、平鋪直述如何從 0 到 6 然後攀上業界的頂峰，創造一支讓所有人都讚嘆不已的百分百 MDRT 雄師勁旅。這不單在亞洲，在全世界都是令人激賞不已的。這是所有業務部隊都夢寐以求的境界。而 Wave 卻不藏私，願意藉這本書來分享他經過的歲月和嘗試所獲得的經驗。如此高尚的情操，值得所有人向他致敬。

我認為不論是大團隊或正在努力的團隊都應該認真看一看這本書。我絕對相信你可以從中獲得很多對團隊發展有所啟發的概念。

在此預祝這本書可以在華人保險業廣為流傳，同時 Wave 的團隊能百尺竿頭，更上一層樓。

陳嘉虎先生

生命脈動培訓諮詢顧問公司創辦人

曾任多個地區保險公司總裁

友邦集團第一任領袖學院院長

推薦序

我十分欣賞 Wave。他勤奮，責任感強，實幹，敢言，散發着年青燦爛的陽光，臉上常帶笑容，給我一種親切感，又有一見如故的感覺。這可能因為我倆都是草根出身，但不甘平凡，敢於努力奮鬥，爭取上流的機遇。我們都醉心事業，亦會不遺餘力地提攜後輩。我們都熱愛生活，追求品味，也是「愛妻號」。更重要的是，我們都無懼挑戰，堅信「別人能，我也能」的信念。

最初看到 Wave 的著作，書名是《100% MDRT》，稍為認識保險理財行業的朋友，也知道 MDRT 是一個理財顧問的國際殊榮，全球只有約 5 萬個擁有 MDRT（百萬圓桌會員）、COT 及 TOT（超級及頂尖百萬圓桌會員）資格的人，而香港近 10 萬個理財顧問中，只有 7,251 人擁有此資格，可見得來不易，更何況要整支團隊奪得 100% MDRT，這可說是一個艱巨的任務。但 Wave 竟然做到了，於 2016 年締造了這個神話。

好奇心驅使下，我很想了解 Wave 如何打造這支優秀的團隊；而能夠率先拜讀其著作，實在榮幸。書中，Wave 詳細道出打造團隊的經過，當中涉及不少經營策略，例如要利用 SWOT 分析，認清自己的市場優勢，然後再尋找自己的市場目標和定位。

眾所周知，做生意的大忌是眼闊肚窄，小企業如果要囊括所有客戶羣，要投入的資金和時間必然很大，有可能陷入資源分配和週轉困難；但如果能及早認清自己的優勢和弱勢、機會和危機，重點進攻信心較大的市場，成功的機會必然更高。Wave 可以把這個道理靈活應用於保險團隊的管理之中，打造成功的傳奇。我深信在拓展業務的範疇，這套運作模式也可應用於其他企業，定能事半功倍。

除了營商策略，書中提到成功就像蝴蝶必須經過掙扎，靠自己的力量破繭而出，翅膀才可茁壯成長，並寓意大家遇到難關必須靠自己解決，別經常奢望有人扶持，這樣才可邁向成功。另外，又以毅行者比賽比喻，提醒大家不要輕易改變目標，必須咬緊牙關克服困難，才可順利到達終點。

有很多人經常埋怨自己懷才不遇、生不逢時，但他們卻從來不會反省自己有沒有盡最大的力度去應付面前的挑戰，以及有沒有拼到最後一刻。Wave 建立團隊時也遇到重重障礙，就像團隊人數停滯不前、軍心散渙、資源匱乏等，但他沒有選擇逃避或放棄，而是絞盡腦汁、想方設法去解決困難，這種精神正正是大家最值得學習的。

這本書不單是一本教人建立保險團隊的工具書，亦是一本營商秘笈和人生哲理的書，所以除了理財顧問之外，任何想在事業上闖出一番成就的人都應該閱讀。

楊偉誠博士

銅紫荊星章、榮譽勳章、太平紳士

香港藝術發展局副主席

文化委員會委員

西九文化管理局戲曲中心顧問小組主席

推薦序

認識 Wave 已經二十年，他一直是一個很有能力的人。他由 1998 年起經常奪得 MDRT 榮譽；2009 年，他只是 34 歲，如此年輕便取得 MDRT 終身會員資格，足證他的實力。

最難得的是，他除了成就自己，也會扶掖後進，培養和帶領團隊旗下所有成員，一步步邁向 MDRT 之路，打造出一支 100% MDRT 團隊，當中更有 38.7% 是 COT 和 TOT（超級及頂尖百萬圓桌會員），在行內十分難得。

現在，他將其領導心得和管理技巧撰寫成書，當中又把多年來建立團隊的艱苦歷程與大家分享，就算失敗的經驗也毫無忌諱地娓娓道來，為的是希望幫助大家少行冤枉路，更快踏上成功之路。

説到實用的管理技巧，書中就披露如何甄選和招募人才、培訓的方法、督導的技巧、作為領袖應有的思維，甚至説話技巧等等，全都寫得詳盡、細緻，相信不單是主管，就算是剛入職的理財顧問亦會受用。

作為保險公司的首席營業總監，我接觸過很多團隊和營業主管，每個人都有其獨特的管理方式。但因為彼此都是競爭對手，很少人會毫無保留地將自己的方法和心得告訴別人。可是，Wave 卻全不介意與人分享自己的成功秘訣，更不怕對手模仿和抄襲後會超越他，他選擇與同業一同進步，如此有胸襟，有格局，相信這與他信奉基督教有關。他的 WhatsApp 狀態經常留言：「活出真正基督徒的樣式」。他在帶領團隊迎接不同挑戰的時候也體現出信仰賜給他的勇氣、信心和剛毅；真為他能被神使用而感恩！

看畢 Wave 的著作，會發現他的人生充滿驚喜，那是源於他無懼接受挑戰，勇於突破自己。他會不斷為自己尋找下一個更高的目標，然後再一步一步完成目標，完全切合書中結尾的一句説話：「一個旅程最令你興奮的，不是目的地，而是過程。」看着 Wave 不斷成長、進步、突破，也不其然興奮，真想看看他可以再走多遠。期待 Wave 再闖下個高峰！

詹振聲先生
友邦香港及澳門首席營業官

作者序

Mr. 100% MDRT
周榮佳

聯絡 Wave

Wave Chow

「我的恩典是夠你用的，因為我的大能在軟弱中得以完全。」哥林多後書 12：9

動筆寫這篇自序時，不期然在腦海中浮現這一句聖經金句。

從小到大由於缺乏自信，每次老師叫我站起來在全班同學面前回答問題，我也會臉紅耳熱，説話結巴，想不到做保險後可以縱橫四海演講分享。高考時，中文實用文寫作出盡洪荒之力也不合格。萬想不到 2015 年竟有媒體邀請我成為專欄作家分享保險理財心得，2018 年還出版我人生第一本書，實在感謝主使用我這軟弱的人！

回想起來，出書的念頭早於 2001 年已經萌生，當年聽説外國的 TOT 一年中有三個月見客，三個月演講，三個月寫書，最後三個月旅遊和休息，好不寫意，心想這正是我要的生活。但是，由於我一直只在空想，沒有付諸行動，所以今天還未實現，而寫甚麼書，更想也沒有想過。

直至開始寫專欄不久，終於有出版社找我出書。雖然最後因條件配套未盡如意而擱置計

劃，但卻令我認真思考寫書的題材，最後我想出一本我願意用錢買的工具書。

我見過很多 MDRT 會員發展團隊也像老鼠拉龜摸不着門路，有些甚至離職收場。我希望把我多年所學和所領悟的帶團隊經驗、方法和心得集結成一本工具書，讓後來者少走彎路，減少行業流失人才。未來如果自己的團隊有同事想升職做主管就強逼他買一本，看完後交一篇讀書報告或讀後感給我，那我便可以省回很多口水和時間。

大家要注意，我本科修讀的是電子工程，也並非管理方面的學者，所以這本書沒有高深的管理理論，但卻有一位平凡主管成功打造 100% MDRT 團隊有血有汗的實戰經驗和故事。無論你身處何國，我們仍是同一天空下努力拼搏，相信大家閱讀時一定會有共鳴。

能夠實現這一夢想，在此我首先要感謝主的恩典、兩間出版社給予的機會、我的上司兼師傅林鉦瀚先生（Kanki）的多年栽培，以及一眾前輩貴人的無私分享。所以，這本書嚴格上是一本集前人經驗的結晶，而我只是一位代筆，

今次再版，全因為受到 Terry 的啟發，他跟我說：「如果每個章節後面有一些學習筆記幫助讀者掌握重點，有一些問題讓讀者反思目前狀況和未來要走的路，有相關工具供他們使用，那就完美了。」他這一番話，我一直記在心上，所以有機會再版，我立刻邀請他共襄盛舉。很感謝他，一口答應，更對我全然信任！

希望大家喜歡新版的《100% MDRT —— 建立菁英團隊絕密關鍵》。

作者序

企業培訓及營業團隊發展顧問
朱國輝

Terry Chu

在此先多謝周榮佳先生邀請本人參與這著作的再版！或許因本人在過去的顧問工作經驗中，培養了一個習慣，時常都會對事情提出問題：「怎樣才可做得更好？」，以致一次與周先生分享自己對這著作的想法時，就給他留下印象，想不到事隔五年，我們就展開了這次合作。

「在一次烹飪比賽中，各人都預備好自己最好的食材，其中一位滿有信心的參賽者，每次用自創的煮魚方法，都會得到親友的極高讚賞，可惜，當他到場時才發現大會提供那個煎鑊不夠大，若不把魚切開兩半；就要把這整條魚分階段煮，他心知要煮出預期水準，必須要整條魚煮，否則，效果便會相差很遠。結果，這位參賽者未能勝出，甚至優異獎都拿不到。」該參賽者不能勝出的關鍵在於那個煎鑊的限制。團隊發展的限制各有不同，因此，在甲團隊行得通的方法，在乙團隊未必可行，從過去接觸眾多的團隊的經驗中，本人得出一個結論：「沒有必然可行的管理方法，但同時亦有許多可行的方法。」

要從這書得到最大的益處，除了找對合適自己大小的「煎鑊」之外，亦可從不同的方法中作出反思，尋求出一個最合適自己團隊特質的方法，例如，當你認為這方法在你的團隊中暫時行不通，你便要想想：「有那個方法行得通呢？」。即使想不出更好的方法，亦會有助你更透徹了解自己團隊的現況。故此，今次再版中提供了反思題，以協助大家從這書中抽取更多的養分；而在最後部分亦有一些建議行動，讓大家參考。最後，期望讀者能夠藉着這書，讓團隊發展得更出色，成為業界中的榜樣。

百萬圓桌會議（Million Dollar Round Table, MDRT）成立於 1927 年。

當年，MDRT 第一次會議在全美壽險從業人員協會（National Associate of Life Underwriters, NALU）的大會期間召開，於美國田納西州孟菲斯皮博迪酒店（Peabody Hotel）舉行，由 Paul Clark 擔任主持，共有 32 位會員出席。出席那次會議的人，該年所銷售的人壽保險總保額至少為 100 萬美元，故會議亦起名為百萬美元圓桌會議。

如今，MDRT 是一個世界領先的人壽保險和金融服務專業人士組成的全球獨立協會。會員來自 70 個國家和地區的 500 多家公司，約佔全球從業員人數 1%。MDRT 成員具有卓越的專業知識、嚴格的道德操守和出色的客戶服務，被國際公認為人壽保險和金融服務業務的頂尖菁英。

（以上資料來自 2023.04.08 www.mdrt.org 網站）

第 1 章

0% MDRT 團隊成立

1.1 由 0 到 6

我於 1997 年在香港理工大學電子工程系畢業後，第一份工作便是加入香港保險理財行業，從事財務策劃工作，一直從未轉工更沒有轉公司，至今已超過二十年。

1998 年，我晉升為助理分區經理，開始組織自己的團隊。2001 年，我終於擢升為分區經理。2002 年，我的團隊只有 6 人，團隊的業績只有 187 萬。然而，2019 年，我的團隊已經有 358 人，全年業績 3 億 4 千多萬。十多年間，我的團隊人數增長接近 60 倍，業績增長 182 倍。

別以為我一帆風順，我在不同階段也遇到困難。猶記得在組團之初，由於我在大學主修電子工程，對銷售、管理，以及招聘人才都全無相關知識和經驗，於是我請教一位師兄有關招募人才的事。

◆ 2017 年 5 月 18 日，香港傑出理財顧問頒獎禮上，勇奪超級傑出區域大獎第一名。

他問我懂不懂「追女仔」？我反問有甚麼關係，他說有很大關係，懂追女仔就懂銷售，懂銷售就懂招募，反正全部也是 Sell，只是 Sell 的東西不一樣。我心想很有道理，因為當日我也是被老闆 Sell 進來的。然後，他叫我打開公司的週年頒獎禮場刊，翻到百萬年薪得獎者一頁，然後問我：「這些人有甚麼共通點？」我左看右看，這些百萬年薪的人，有男、有女、有高、有矮、有肥、有瘦、有靚、有醜，甚麼類型的人都有，真是找不到有甚麼共通點。那位師兄隨即說：「沒錯，保險做得成功，是沒有樣看的。」他這句話如當頭棒喝，一下子令我開竅。

這位師兄續說：「請人已不容易，還選甚麼！？」他教我「先招後選」，即甚麼人也請，然後由行業選擇誰人留下，因為做得不好的總會自然流失，再加上理財顧問賺的是佣金，變相我們不用發工資，請人是沒有成本的，但只要他們有生意，那怕是一萬幾千元的小生意，只要客夠多，業績也相當

◆ 拍攝於 2002 年 10 月的團隊照。

可觀，這亦是很多團隊愛打人海戰術的原因。於是，我秉承這位師兄「先招後選」的思維，我的團隊很快發展到 6 人，在春風得意之時卻遇到瓶頸。

究其原因，是我太花時間在個人業績上。當年 187 萬元的業績中，我佔了六成，四成屬於團隊。我大部分時間外出見客，變相疏忽團隊；反觀我的同事，經常留在辦公室。如是者，新人見「師兄師姐」的時間比見我還要多，受他們影響亦較大。如果是好的影響還好，最慘是壞的影響。説的不是師兄姐有心毒害新人，而是他們幾個人的業績加起來還不及我，可能是不夠勤力；知識、技巧、心態不到位等。新人想成功，最簡單的方法就是向成功的人學習，向失敗的人學習只會失敗。

當我決定減少見客，把時間留給團隊，多陪他們見客簽單助他們提升業績，我發覺他們根本沒客給我見。無論我多催促鼓勵，那些客也會因不同原因在見面前無故失蹤或改期。而且，縱使我多努力培訓，團隊的業績和人數都停滯不前，新人和舊人輪流離開，總是留不住人才。

1.2 死敵的啟發

我的團隊在兩三年間都維持在 6、7 人。直到 2004 年，我才有所領悟，改變策略，成功打破停滯不前的困境，這實在要多謝一位死敵給我的啟發。

話說公司的另一支團隊由一位女經理帶領；整隊人主要由 35 至 45 歲的女性組成，當中不少是家庭主婦。當時我的同事年紀較輕，自問個個都有活力和拼勁，質素一定不輸給那班女士。由於我想借比賽提升團隊業績，於是我經常找這支女團「鬥數」。雖然全年計，我們團隊的總生意額佔優，但不知為何，一到比賽總是輸給這支女團，從未贏過一仗。

我深深不忿，心想我的同事質素不差，沒有道理會輸。於是，我再細心研究兩支團隊，發現我的死敵每次比賽，其同事都十分齊心，誓要打倒我們。反觀我的團隊，雖然我不

◆ 死敵 GK 組的團隊照，居中的男士是我們的上司 Kanki，左四的是 GK 組經理 Googic，兩旁男士是家屬。

斷為他們加油，可是他們總是敷衍了事，缺乏團隊精神。

為何兩支團隊的精神會有如此大的落差？後來我發現一件事，就是死敵整支隊伍的年紀和背景相若，彼此的價值觀和理念一致，喜歡的活動亦相近。她們每月都會輪流到各團員家中聚會，吃飯之餘又打麻雀，相處非常融洽，很容易凝聚士氣。

至於我的團隊，人數已經不多，卻有初中生（2000 年前，在港從事保險沒有學歷要求）、高中生、大學生，甚至有來自內地的研究生。學歷、年齡、性別、心態也不一，連溝通語言也有別，有講廣東話和普通話的。團員別説同心協力，連熟絡也做不到，我亦很難管理。當我教授一些保險知識時，説得太深奧，初中生便不明白。但當我説得淺白一些，大學生和研究生又覺得浪費他們的時間。舉辦活動時，打 War Game、遊船河等戶外活動，永遠有人不出席，唯一有機會齊人的場合，就是我請吃飯。

我曾一度懷疑自己的領導力，直至死敵啟發我，要壯大團隊除了需要默契外，還要有適合自己的策略。既然以我當年的年齡、格局、包容性、修為和領導力，不適合前輩們提倡的「先招後選」，那我的團隊必須試新方法，始可走出困局。

學習筆記

1. 懂追女仔就懂銷售，懂銷售就懂招募，反正全部也是 Sell，只是 Sell 的東西不一樣。
2. 保險做得成功，是沒有樣子看的。
3. 「先招後選」是策略之一，但不是唯一的方法。世上沒有一種方法適合所有人。
4. 經理請人不是沒有成本，經理的時間機會成本已是很大的成本。若不幸捉了一隻老鼠入米缸，不止賠本，還隨時倒蝕。
5. 經理的個人業績在團建初期是必需的，但不是唯一和最重要的工作，招募才是。
6. 是非多，生意少。
7. 常言道：「山不轉路轉，路不轉人轉」。沒有不變的策略，只有不變的人。

Terry 見解

要發展團隊首要的就是你的決心，因為在過程中你必須付出額外的時間及資源才能成事，至於效果就要看你如何從行動中不斷檢視而所得到的回應，從而作出所需的調整，因為不是每一個方法都會適合任何人。另外，常見決心不足的現象就是「搖搖板效應」，當焦點放在業績時，就放鬆或停止招募；當跑完業績一段時間後，才重拾招募，因此，招募的成果除了沒有延續性之外，團隊發展的動力亦要時常重新開始，拖慢團隊發展的速度。要團隊得以持續發展，就必須建立切合自己風格的招募系統，同時亦要持之以恆。

「成功是完美、努力、從失敗中學習、忠誠和堅持的結果。」

柯林鮑威爾 Colin Powell
《鮑威爾原則：領導力道德基礎》一書作者

反思題

1. 對現時的招募流程有多滿意？如果給自己個分數，1 至 10 分，1 分最低，10 分最高，你會給多少分？為何？
2. 就你自己的領導力、現有整體的格局、包容度等等，你認為應採納「先招後選」，還是「先選後招」的招募策略較為適合你呢？為何？

第2章

走出困局

2.1 小改變有大改善

為了團隊發展，我苦思出路，但一點頭緒也沒有！感謝主讓我在網上看到一個故事，使我感到希望在人間。

故事是真人真事。話説在二次世界大戰期間，美國政府為空軍向一家降落傘製造商添置裝備。該公司表示其降落傘的打開率達 99.9%，其他製造商也難以做到如此高的打開率。

可是，在美國政府的立場，每名空軍都是一條人命，而且培訓一名空軍花費不菲，99.9% 打開率即是每 1,000 名空軍當中，便有一名空軍因打不開降落傘而跌死，這是絕對不能接受的。

如是者，美國政府堅持降落傘要有 100% 的打開率，可

是降落傘製造商指技術所限難以再提升。雙方在這問題上糾纏不休，直至美國政府想出一個方法，令降落傘 100% 打開率終可達成。你猜用甚麼方法？

其實，這方法很簡單，就是收貨時，美國政府在眾多降落傘中隨機抽出幾個，讓製造商的職員負責試跳。從此，那些職員在製作降落傘時特別認真，本來認為不可能達到的 100% 打開率，最終亦可實現。

這故事給我的啟發是，想有飛躍進步也不一定要很大改變，只要對症下藥，一個小改變也可有大改善。於是，我開始想我的團隊出路，如何可以在不費吹灰之力下，有一個突破性的發展。

2.2 女皇的啟示

在苦思出路之時，有一個電視廣告讓我印象深刻，那就是三星（Samsung）的一款手提電話。2004 年，大家都知手提電話的市場是諾基亞（Nokia）、摩托羅拉（Motorola）、愛立信（Ericsson）等品牌。三星要突圍而出，必須花點心思。

當時三星推出一款手提電話叫 Queen，乃摺疊式手機，外型纖巧，只有手掌般大小，有寶石紅、寶石藍及珍珠白三種顏色；打開手機，內裏還有一塊鏡，可以讓女士當鏡盒用。有次和賣電話的朋友談起，她告訴我這款手機還可預測排卵期。其廣告的男主角留長頭髮、帶耳環、穿蘇格蘭裙，主要想帶出一個訊息：「這世代的女性已沒有專利，除了這電話。」

◆ Samsung Queen Phone SGH-A408

很明顯，這款手機是針對女性市場，即是三星一開始選擇放棄一半市場。當時很多人認為少了男性這一半市場，銷量一定差。但結果相反，Queen 的銷售額在當時排名竟然是第一。

由此可見，想抱擁一個大市場不一定好，最重要是懂得找市場區隔（Segmentation）。從前保險業着重人海戰術，不分男女老幼強弱都招募。此舉令市場上眾團隊之間分別不大，而別的團隊也是你的競爭對手，反而若能像三星區隔市場，鎖定招募目標（Target Market），按招募目標發展特色團隊，才是成功的出路。其後，我偶然在書局看到陳志輝教授有份參與的「勝在營銷」節目，更肯定了我的想法。

2.3 SWOT 知己知彼

明白市場區隔的重要性後，我開始認真想我的市場在那裏呢？究竟甚麼人才最適合我呢？團隊要怎樣才可以突圍呢？

每一個保險團隊都想請精英，除希望他們擁有龐大又富裕的人脈網絡，可以經常簽大單外，最好他們能自律做生意，毋需上線操心。如此完美的下線，一來世間少有，百年難得一遇；二來領導又能否吸引這些精英，令他們全心全意跟隨你？

事實上，一個專做大單的團隊，其規模未必一定很大。正如汽車中最高檔的品牌如法拉利、林寶堅尼、勞斯萊斯等等，每一部汽車售價都幾百萬港元，但其車廠規模，其實未必及得上日本的豐田或本田。

做事要成功，必須明白自己的長處和短處。《孫子兵法》有云：「知己知彼，百戰百勝」。知道自己的優點和弱點所在，便會更容易找到發展方向。

很多企業每隔一段時間或開拓新市場時，都會做一個 SWOT 分析。

S ：Strengths 強項

W：Weaknesses 弱項

O：Opportunities 機會

T ：Threats 限制 / 威脅 / 挑戰

中譯是強、弱、機及危。前兩者屬於內部條件，即是自我比較優勢和特點所在。後兩者則是外部條件，即是於外在

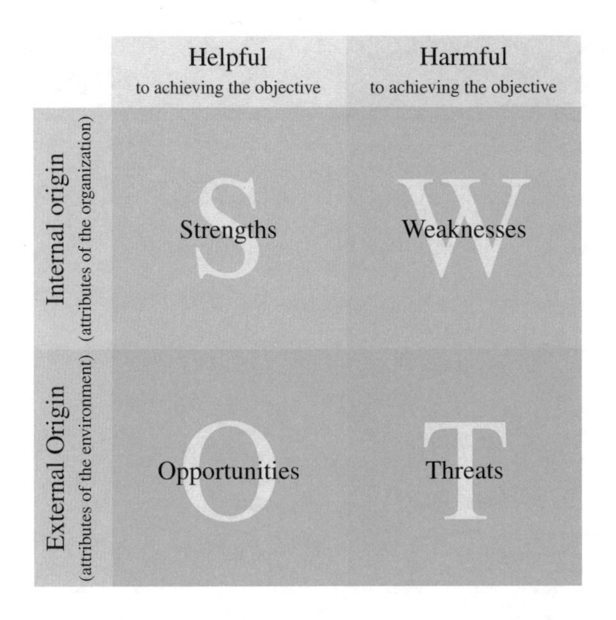

環境尋找發展機遇。

SWOT 分析要做得準確，既要細想自己的長短處，但切記不能過分高估或低估個人能力，亦不要對市場過分樂觀或悲觀，故要審視市場，連同客觀資料進行分析。

我為了準確找出發展方向，我和同事於 2004 年一起為團隊做了一個詳細的 SWOT 分析，並寫下分析結果：

S：Strengths 強項	W：Weaknesses 弱項
▲ Wave 是大學畢業生 ▲ Wave 是 MDRT 、CFP^CM^ ▲ Wave 在公司有一定知名度 ▲有高學歷同事 ▲年青同事較多 ▲平均顏值高 ▲與 Wave 關係好 ▲可投放工作時間多 ▲擅長香港市場 ▲掌握投資相連產品 ▲有 3 個 IANG 前身	▲ Wave 太年輕 ▲較成熟的人不願意加入 ▲團隊太新 ▲草根出身同事居多 ▲同事平均業績低 ▲保單平均保費低 ▲人脈網絡薄弱 ▲學習能力參差不齊 ▲一半人不懂普通話 ▲大部分人沒有內地人脈
O：Opportunities 機會	**T：Threats 限制 / 威脅 / 挑戰**
▲銀行賣保險，市民買保險的意識提升 ▲股市低迷，投資良機 ▲失業率高，多了招募對象 ▲ SARS 後市民保障意識提升 ▲投資相連產品受歡迎 ▲內地來港就讀畢業生留港就業計劃推出（IANG 前身）	▲銀行賣保險，競爭大了 ▲經濟差，股市低迷，市民消費意欲低 ▲失業率高，市民消費意欲低

雖然這 SWOT 分析是為團隊做，但不難發現上表經常提到團隊領袖（即是我，Wave）。這情況很正常，因為領袖在小團隊中有着關鍵的影響力。

除此之外，SWOT 分析有兩種做法，第一種是心中完全沒有想法，也不清楚想發展那個目標市場（如上表）。這有助大家在混亂的思緒中，了解目前的處境，從中找出比較優勢，訂定目標市場。

另一種是先定一個目標市場，然後才進行 SWOT 分析。因為世事無絕對，按不同目標市場，強項會變弱項，機會變威脅，反之亦然。例如：招募目標是大學畢業生，「Wave 太年輕」便應該是「強項」了。但假如招募目標是專業人士，那「Wave 太年輕」便是「弱項」了。這做法有助我們找出核心競爭力，及預測對象的疑慮及對手的攻擊點。能消滅弱項便消滅，不能消滅便發揮語言藝術忽悠對象。例如：一些地產商賣處於低窪地帶的房地產時，便包裝為「聚寶盆地，冬暖夏涼」。這樣成功率便會大大提高。

經過一輪研究後，我最終找到我的市場所在，鎖定我的招募目標。

2.4 我的藍海

利用 SWOT，我知道自己的強弱項在那裏。二十多年前，我只是廿多歲，又愛玩，所以死敵的成熟路線市場並非我杯茶，我要建立一支高學歷、年青有朝氣的團隊，於是我決定發展大學畢業生（Fresh Graduate）市場，連有丁點工作經驗的都不請。（只是當年，現在已改變）

未知是否上天想考驗我的決心，當我決定請大學畢業生後，突然有兩位非大學畢業生的朋友主動接觸我，説想加入我的團隊。當時我確有一番內心掙扎，心想不如請完這兩位後再開始吧，或者他們是神派給我的天兵天將呢？但我問自己：「若然我請了他們，豈非走回頭路？跟以前有甚麼分別？」這世上只有一種人期望做同樣的事而有不同的結果，那就是傻子。我不是傻子，也不想做傻子！於是，我效法孔融，將兩位朋友轉介給我的上司，一來我的上司很照顧下線，對我的朋友發展有利；二來我可繼續堅持我的發展路線。

除了從甄選、招募活動到培訓也針對大學畢業生的需要而度身訂做外，更為了貫徹年青有朝氣的風格，我連一張團隊合照也不放過。以前的團隊合照大多是一字排開，我居中，所有人四萬笑容，腰背挺直地拍照，毫無特色可言。但在 2004 年，我們的一張團隊相，參照房祖名和 Twins 合演的電影《千機變 II》拍攝，當中只有兩人並非大學生，因為他們是舊同事，其餘新加入的，一律是大學畢業生。

除了本地大學畢業生外，當時我已留意到內地抵港客戶市場（Mainland China Visitor，MCV）的發展潛力，可惜我當年的普通話很普通，與客戶溝通也成問題。但這無礙我發展，因為即使我無能力，我也可以請人借力。我效法中央政府管治香港的口號「港人治港」，請普通話人做普通話人的生意。適逢香港入境處於 2002 年推出內地來港就讀畢業生/留港就業計劃（IANG 前身），我便把握機會，花了九個月申請工作簽證，迎來了第一位內地同事閔榮 Maggie。兩年後，在電視新聞中得知當年政府只發了一個簽證給保險業，那我可以説是第一個請 IANG 的人，所以後來有人封我為「IANG 之父」。若干年後，我的團隊更專注請 IANG 同事，這有待下幾回分解。

在找到我的目標市場後，我的團隊背景不再像從前般雜亂，同事的理念與價值觀相近，士氣和默契因而不斷提升，最後團隊人數終於成功突破瓶頸，慢慢由幾人變為近 20 人，下線也擁有自己的團隊，逐步開枝散葉。

◆ 2004 年電影千機變 II 宣傳海報

◆ 2004 年 7 月的團隊照，下層左二為 Maggie ，右二為 Sting 。

2.5 NLP 理解層次

團隊除了有目標市場外，作為領袖起碼也要找到自己在業界甚至社會上的身份和願景。讀者別以為願景（Vision）就等於目標（Goal / Target），這完全是兩回事，現以身心語言程式學（Neuro-Linguistic Programming, NLP）的理解層次，或稱邏輯層次圖解說：

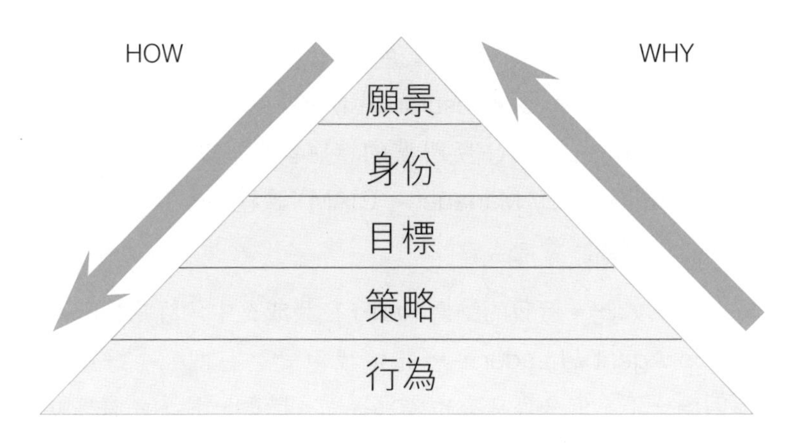

◆ NLP 理解層次圖

若你先有上層的東西，再往下層發展，你會不斷問 How。撇除宗教元素，我以耶穌基督為例子，他的願景是拯救世人。他的身份是甚麼？神的兒子、彌賽亞、救世主。他的目標是拯救世人而不是拯救一個人，也不只是拯救他那時代的人，而是拯救往後千年萬代的人。要達到這個目標，不是單單醫好絕症病人、五餅二魚便可做到，但這些神蹟卻不可少。透過這些神蹟確立主耶穌神的屬性，以及他所分享的道理，然後廣收門徒，使他們可以在耶穌回歸天家前後廣傳福音，令福音傳播速度有幅射性的增長。最後，就是上十字架用自己的寶血一次過洗清世人的罪，只要你相信福音便可得救上天堂。既然有救世主這一身份，便不會放縱自己嫖賭飲吹，反之會潔身自愛，活出神聖一面。

但如果自己或團隊成員沒有上層的東西，而不斷被要求做下層的策略或行為，那心裏只會不斷問 Why；長期不明所以被要求去做，就算是好事，也只會產生反感。

以我自己為例，其實一開始我並沒有願景這麼高大上的東西，也不知是甚麼來的，但後來報讀了由壽險行銷與調研協會（Life Insurance Marketing and Research Association，LIMRA）所舉辦的特許壽險經理（Chartered Insurance Agency Manager，CIAM）課程，才有系統學習甚麼是營業團隊管理。

雖然如此，但我的師傅 Kanki 在我成長中，經常稱呼我是 Top Agent / Leader。一開始我也受之有愧，不好意思地回絕一下，但久而久之也躺平接受。時間一長，在潛移默化下，以為自己真是 Top Leader，現在回想起來，這便是 NLP 理解層次的「身份」了。

由於身份是 Top Leader，而非普通 Leader，所以對自己的要求也很高，目標不會是一般獎項，而是最高級別，難度最高的獎項。由於身份是 Top Leader，故不想依循別人的套路；兼且目標很大，尋常方法根本不可能達成，故經常想新策略達標，領先行業。而作為 Top Leader，有自覺是別人的榜樣，所以律己以嚴，時刻裝備自己，不會做出一些有損行業、公司和團隊的行為。由此可見，願景和身份是何等重要，這會衍生不同的策略和行為，影響團隊的未來。

2.6 M 型社會

事實上，無論你的願景和身份是甚麼，NLP 理解層次中的目標也不能低。日本有一位經濟學家大前研一，他撰寫了一本很著名的作品《M 型社會》，講述社會風氣的轉變。

按書中的內容觀察現實，就是世界不停在變，從前香港有很多士多和雜貨店等小店，現在已逐步被便利店和超級市場取代。從前醫生私人執業掛牌，現在很多都是在集團式的醫療機構掛單。

以前，我們的社會是一個三角形社會；上一代只要肯捱、肯做、肯學，低下階層也可向上流動變中產。於是，有錢的屬少數，窮人也是少數，反而中產階層最多。但時移世易，今天貧富懸殊，中產被邊緣化，且有被瓦解的情況，形成 M 型社會。若舊日的中產安於現狀不選擇向上流，就等於選擇向下流，不進則退。

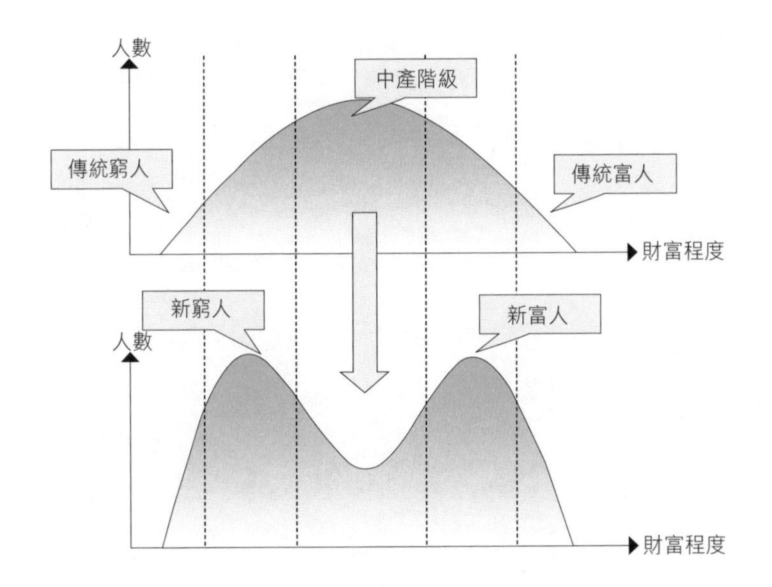

以前保險界能取得百萬圓桌會員（MDRT）資格的人不多，而做得很差、沒有生意的人也很少，最多的是中間一層，能取得公司某些榮譽資格。但現在情況已經轉變，因為香港是亞洲金融中心，很多人選擇在香港做資產配置，所以獲得 MDRT（百萬圓桌會員）、COT 、TOT（超級、頂尖百萬圓桌會員）的人愈來愈多。同時間，不少人抱着做兼職的心態入行，結果出現很多殭屍顧問；有些團隊人數雖然很多，但原來只有一半人，甚至得三分一、四分一人在工作，如此情況充分體現 M 型社會的縮影。而於我而言，躋身一門事業帶領團隊做得差絕無意義，那麼就要走向 M 型大勢的卓越一端，拔尖突圍。

2.7 卓越理財專家

上兩節我詳述了 NLP 理解層次中身份和目標的重要性，也以 Top Leader 的身份自居，但還未提及團隊的身份。由於當年我決心要走高學歷年青路線，我和團隊骨幹成員開會後決定將團隊身份定位為卓越理財專家（The Premier Financial Professionals）。

UTOPIA
The Premier Financial Professionals

甚麼是「卓越理財專家」？

讓我先從「專家」說起。各行各業也有很多人自稱專業，但今時今日專業已不足夠，認證專業（Certified Professional）才是大勢所趨。不少保險團隊只着重生意額，並不鼓勵同事讀書進修，認為浪費時間，而我卻反其道而行，十分鼓勵他們進修。我自己也考取了 15 個專業資格，目的就是要打造一支專業團隊。

還有，專業不只知識，還有操守，所以我們定位為保險界的清流。內地抵港客戶市場相當大，某些同業會為了種種原因，以折扣或是回佣違規經營。但我的團隊堅守法規，務求以專業和服務贏取顧客的芳心。

在上世紀末因互聯網開始了 Web 1.0，後來因網速的提升和智能電話的普及而進入 Web 2.0，目前因區塊鏈、人工智能及元宇宙的概念和技術的興起已進入 Web 3.0 時代。科技的進步的確會取代很多低層次的工作，人工智能會取代中層次的工作，惟有專業必勝。某程度上專業不是選擇，而是出路！

專才由天命，通才打不死

千禧年初，投資相連保險是十分暢銷的產品，但花無百日紅，金融海嘯後儲蓄型壽險才最好賣，以致很多理財顧問只集中銷售這類保險。但我想説的是，市場轉變可以很快，若只裝備傳統保險單一知識，當再次興起投連險或其他新產品時才臨急抱佛腳就太遲了。所以，我鼓勵同事學定功夫等運到，多參與全方位財富管理的培訓，做一個最全面的財務策劃師。

最後就是「卓越」，追求卓越很明顯受上一節《M 型社會》所影響。我以三個指標定義「卓越」：第一，我們團隊的續保率要在 95% 以上；第二，Activity Ratio 要達到 85% 以上；第三，MDRT 會員比率要有 50% 以上。現時全球約 1% 顧問是 MDRT 會員，但香港約有 10% 左右，而我們團隊一直向着指標努力，團隊 MDRT 會員比率年年攀升，從剛開始只有我一人是 MDRT，到 2014 年有 45%，2015 年升至 68.9%，而 2016 年在天時、地利和人和配合下更創下 100% 的 MDRT 紀錄，當中更有 38.7% 同事取得 COT 及 TOT 的榮譽。

以上成績，再一次證明 NLP 理解層次（2.5 章）中身份的重要性和影響力。

學習筆記

1. 小改變有大改善：想有飛躍進步，也不一定要很大改變，只要對症下藥，一個小改變也可有大改善。

2. 女皇的啟示：最重要是懂得市場區隔（Segmentation），鎖定招募目標（Targeting），發展特色團隊，才是成功出路。

3. SWOT 知己知彼：透過 SWOT 分析，了解自己的優勢、劣勢、機會和威脅，從而找到自己市場和藍海所在，鎖定招募目標。

4. NLP 理解層次中願景和身份是非常重要的，就算未有願景，也要有身份，還要不斷自我明示暗示。若你先有上層的東西，再往下層發展，會不斷問 How，這是好事。但缺乏上層的東西，而不斷被要求做下層的策略和行為，那心裏只會不斷問 Why，這樣只會活在糾結中。

5. 在 M 型社會裏，中產若安於現狀不選擇向上流，就等於選擇向下流，不進則退，所以追求卓越是唯一出路。

6. 專業不是選擇，而是出路。

7. 專才由天命，通才打不死。

Terry 見解

一個有動力的願景，必須包含願景背後你所追求的意義或原因，甚至想起都會感動，否則形同虛設，所以有些團隊的願景只存在於印刷品上，為作宣傳，而沒有推動力。要產生一個貼地的願景，必須事先準確完成自己的 SWOT 分析，否則最終願景會脫離現實，減低作用。要有效進行 SWOT 分析，就需要邀請團隊內的中堅成員一同參與，可以更客觀從別人角度去了解自己。

一般人以為願景必須要寫得高、大、遠，但試想一下，如果為了取悅別人而脫離現實，你現有的團員會知其虛實，當介紹願景給準招募時，亦難以有事實根據，因此，願景必須符合個人特質，而非只顧裝潢。有了願景，接下來就是制訂具體計劃，預計所需的資源及行動。而在計劃，別忘記加入定期檢討的環節，否則，當計劃偏離預期成果太遠又沒有修正時，就會拖慢團隊發展的速度。「千里之行始於足下」，因此，盡快安排一個合適的時間，展開你的計劃吧。

「一個清楚的願景，伴隨明確計劃的支持，將給你極大的信心及個人力量感。」

布萊恩・崔西 Brian Tracy
《自信力》作者

反思題

1. SWOT 分析可應用在個人或團隊上，當進行團隊 SWOT 分析時，你會與誰一同進行？
2. 你會訂那個目標市場來進行招募？
3. 若你現時大團隊中已有價值觀、使命宣言及願景，你及你的成員會如何跟隨？
4. 你的團隊願景是甚麼？

5. 你決定建立一個怎樣的團隊？
6. 除同事本身能彰顯團隊的風格外，你還會從那方面來彰顯團隊的風格？

實用工具

1. SWOT 分析表
2. 三年招募計劃表
3. 候選人概貌表

掃描二維碼下載實用工具

第3章

步入小康

3.1 萬箭齊發

在團建初期，我很努力做招募，既用傳統方法，在自己的電話簿或客戶名單中，看看有誰合適，然後逐一約見。同時，我又請客戶或同事介紹新人入行。其後，公司鼓勵我們聘請見習生和刊登招聘廣告，我也嘗試過，每個方法也有效果，但只能招募兩三個人，成效不大。而在招募時，團隊又有舊人流失，所以我的團隊規模始終沒變過。

一位前輩看在眼裏，便建議：「Wave，你能否每日再多撥一些時間做招募工作？」

「當然可以。」

「既然你每個招募方法都能請到兩三個人，證明你掌握到招募的竅門，那為甚麼要用一個方法去取代另一個方法？何不同時進行所有方法，以萬箭齊發的方式來請人？」

前輩這番話，簡直對我當頭棒喝。於是，我決定努力點，再多放一些時間以各種方法配合我新的定位和目標市場招募新人，果然很快就有成績，招募人數由 2 至 3 個人，一下子增加到 9 個人。團隊淨人數亦有上升，到近 20 人的階段。

可是來到這階段，又遇到了另一瓶頸。招聘新人數目又再次在 9 人至 10 人之間橫行，甚至有下跌跡象，原來我遺漏了一個很重要的步驟，就是培育第二梯隊領袖，培訓同事成為領導。

3.2 培育領導

當我採取了萬箭齊發的方式招聘新人，我發現自己愈來愈忙，皆因新人人數一下子倍增，我要額外花時間照顧他們。

與此同時，我又發現整個團隊似乎只有我在乎招募工作，其他人沒有主動招募新人。如果是一兩個同事沒有動力，還可説是個別同事有問題，但整個團隊都是如此，這便是我作為領導的責任。

我思前想後，發現問題有二。第一個是我沒有培育第二梯隊領袖，我過去一直專注將平民變為士兵，但竟然沒有意識要把士兵培育成將領。團隊要進一步壯大，我便需要培育第二梯隊的領導，增加做招募的人，並教他們帶領新人，就像細胞分裂般，要 1 變 2、2 變 4、4 變 8 等，這樣才最有效率。若由始至終只有 1，這個 1 就算如何優秀，但終究有極限，能 1 變 10 已十分了不起了，但要 1 變 20、30 甚至 100，便很難了。

第二個原因是我負面，原來我不經意常向上司下屬抱怨做領袖辛苦、工作忙碌，又要處理人事等問題，因而嚇怕同事升職。

當我認清問題所在後，頭腦頓時清醒了，對應策略亦應運而生。我除了突然正面多宣揚做領袖的樂趣和利益外，招募策略由只是鎖定做顧問的合適人士，擴闊至尋找有領導潛能的人才。培訓不再單一為擴大業績而只教財策和銷售知識技巧，亦加入招募、管理和企業發展等課題。

就在一輪改變後，我的團隊又再有突破，開始出現第二梯隊，每年的新人亦由以往的 9 人上升至 15 人，現職同事數目亦突破 20 人，升至 27 人，成效相當顯著。

學習筆記

1. 勿用一個方法取代另一個方法，應同時推行所有方法，用萬箭齊發的方式來請人。
2. 當人數再次出現下跌跡象時，才發覺遺漏了培育第二梯隊領袖。
3. 培育領導，團隊才能細胞分裂般發展。
4. 要正面地多宣揚做領袖的樂趣和利益利外。
5. 招募時除了發掘有潛力的顧問外，還要尋找有領導潛能的人才。
6. 團隊培訓課程亦加入招募、管理和企業發展等課題。

Terry 見解

領袖是團隊的靈魂，因為整個團隊的方向、規劃、要求、推動、發展的速度等等，這一切及成果都是主宰在領袖的手上，所以從一個機構的特質及其運作的細節，都可看出其領袖的特質與能力。有些人看似「天生」就有一定的領導能力，這其實是一種經驗的累積，若是一出生就有領導能力，那麼他學識説話時就可以領導團隊？不可能吧！其實世間上絕大部分的能力人們都能夠學習得到並強化，領導能力（Leadership）也一樣，關鍵在於你投放多少時間去學習及發展，只不過各人所掌握的水平未必一樣。要讓團隊發展的速度倍增，培育領袖是不二之選。

「想造一艘船，不要鼓吹人們收集木材，也不要只分配工作任務，而是要教他們嚮往浩瀚無垠的大海。」

聖修伯里 Antoine de Saint-Exupery
《小王子》作者

反思題

1. 要成為自己心目中稱職的領袖，我認為需要提升那些能力？
2. 身為領袖需具備甚麼特質及能力？
3. 團隊內有那些同事是有潛質做領袖的？
4. 我會用甚麼方法來栽培有潛質的領袖？
5. 我會怎樣策動現有同事一同招募？

實用工具

1. 領袖能力盤點表
2. 發展領袖計劃表

掃描二維碼下載實用工具

第 4 章

甄選和招募

4.1 面試九部曲

培育第二梯隊領袖令我的團隊迎來第二個突破，可惜好景不常，有一段時間人數又出現回落。原來，我培訓的每一位經理，他們各自請人的標準都不同，結果是新人質素參差，又見我在團建初期的老問題，彼此價值觀不一，人多是非多，好不容易建立的凝聚力在不知不覺中瓦解。

理論上，多一個人，便應該多一分力，1 加 1 最少都要等於 2。但人多了，1 加 1 反而只得 1.5，甚至連 1 也沒有，那我為甚麼要擴大團隊？之前的辛苦努力豈非白費？

為了不想走回頭路，我想到一個解決辦法，就是制訂一個請人標準，只要每一個人跟着這套標準請人，所請的人的質素一定不會差。如是者，我便想出以下面試流程九部曲。

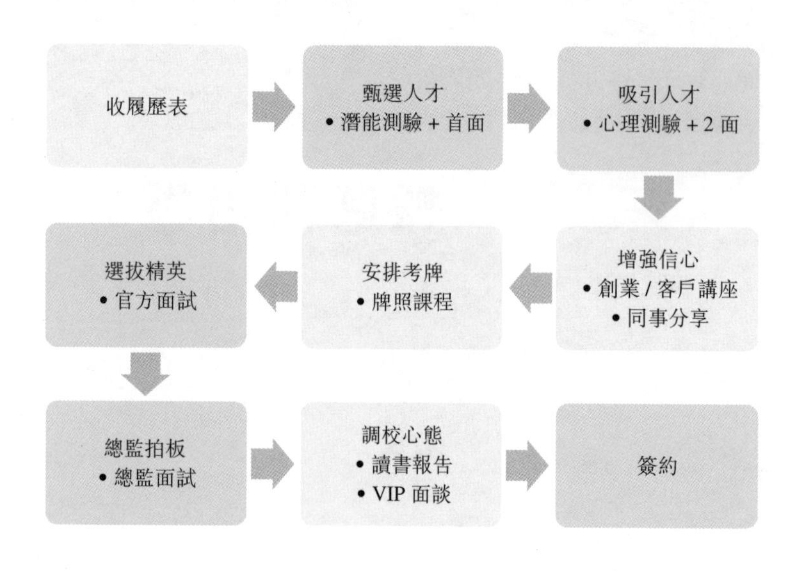

第一部：收履歷表

第一部是要求你的招募對象遞交履歷表，此舉一來可以提升公司和團隊的專業形象，二來你的招募對象亦會較認真對待面試。以我的團隊為例，目標對象是擁有大學或以上學歷的人士。他們求職一向都有遞交履歷的習慣，如果我們不收，他們反而覺得奇怪。所以，我堅持收履歷，沒有履歷的是不會安排面試的。

不過，這步驟並非人人適用，像一些較年長或新移民人士，一來他們未必有履歷，二來他們覺得交履歷太麻煩，寧願放棄面試。如果出現上述情況，那便是考驗你處事的彈性和落實流程的決心。

第二部：甄選人才

當收到履歷表後，秘書便安排首輪面試。在候選人交齊學歷證書、工作證明等所需文件後，我先給候選人閱讀一些關於公司、團隊或行業的資料。有很多保險公司會印製一些精美的招聘小冊子，上有公司簡介和產品資訊外，亦有財務策劃師的工作範圍及晉升前景，有些更針對內地專才，給予一些來港工作的資訊。這些資料不但可讓候選人加深認識保險理財行業和公司，亦有助提升公司形象。

由於首輪面試是甄選一些合適的人才，所以我先安排做一個潛能測試（Aptitude Test）。坊間有很多不同的潛能測試，我建議大家做一個約一小時的長版本，其中由 LIMRA 推出的測試，範圍較全面，不過有機會要收費。而很多保險公司都有其潛能測試，大家亦可考慮選用。

潛能測試有兩個目的，一是可以直接知道候選人的態度是否認真，能力去到甚麼水平，有助縮短甄選時間。二是無論候選人的氣焰如何囂張跋扈，當他認真做完一個長達一小時的測試後，總會感疲累，這時再面試，面試官以逸待勞，此消彼長，有利我方進行甄選。

負責首輪面試的人選十分重要，應跟候選人對號入座，例如女候選人就找一個女性來主持，男候選人就找個男的，説普通話的則找一個會説普通話的，為研究生找一個博士生，此舉除可以建立親和力外，亦可以向候選人暗暗帶出一個訊息：「這人背景和條件跟我相似，原來像我這樣的人也能做保險這行。他可以成功，我也可以！」這個面試官不一定要很高職位，有時入職一年或兩年的同事也可，重點是要給對方共鳴感。當然，面試官不需要向候選人提及自己的職位，只要直接説是今次的面試官便可，如此可免卻雙方尷尬。

面試官在面試前，團隊應提供一份統一的面試問卷，在上面列出一些指定問題，例如請對方介紹自己、介紹之前的工作等等。因為面試官總有怯場之時，腦海會突然一片空白，以致面試有機會出現冷場，甚至乎會亂説話、問一些愚蠢問題。故此，這份問卷可提供一些問題依據，避免以上問題發生。

問卷上還可寫上簡單的開場白，以及完場時一些提醒事項。例如，這個面試只是第一輪，未來還有其他面試；有關職位申請是由我們處理，別的團隊找你就別理會，以免造成公司內部出現競爭人才的情況。

還有一點，千萬不要在首輪面試時告訴面試者已通過面試，而是要請他回家等消息。其實，請人如追女仔一樣，必須要有矜持，太過急進，對方便不稀罕，反而態度曖昧，對方便會較為緊張。

第三部：吸引人才

經過首輪面試後，若然覺得對方合適，便可在兩三日後安排第二輪面試。這輪面試的大前提並非甄選人才，而是要吸引人才。

與首輪面試一樣，在第二輪面試開始前，可以安排做一個心理測驗，好處有三個：第一令面試變得有趣；第二可以突顯你和其他團隊的分別；最重要是第三，可以確切知道對方是甚麼性格的人，如此面試官才可以投其所好，打動對方。特別一提，這輪的面試官除了要跟候選人相性配合外，還要請一位富經驗的經理來當，這樣除了能吸引對方外，還可處理他們的疑慮，達成射手的任務。

如果對方是一個活潑的人，你大可說保險是一個很多姿多彩的行業，工作範圍多元化，有很多團隊遊戲和活動，亦有機會到外國出席會議。如果對方是一個事業型的人，你則要強調薪酬待遇、事業前景和晉升機會，告訴他可以建立龐大團隊。如果對方是社交型的，就說這份工可以認識到很多知心朋友，增進友誼。另外，朋友生病時，你可以在保險索償上幫助他們渡過難關。如果對方屬於分析型的人，就說我們這工作涉及理財，需要學習經濟投資，分析市場產品，在市場上十分吃香。

如此這樣，不但可以令侯選人對我們的工作產生興趣，還可以為他們提供一些有用資訊，對行業有更深入的認識，從而裝備自己。

第四部：增強信心

根據個人經驗，很多候選人在第二次面試後，雖然對我們的工作大感興趣，但未必有決心入行。此時打鐵要趁熱，必須做多些工夫，以鞏固他們的想法。情況就如煲熱水，如果煲到 90 度便關爐，當水冷卻後，再煲滾便要花更多時間。

所以，在第二次面試後，宜安排或鼓勵他們聽一些創業或客戶講座，或是邀請團隊內合適的人跟他們分享經驗。誰是「合適的人」？除了和他們的背景相若外，我們有時會安排一些外表或背景平庸的同事和他們見面，目的是要增加對方的信心。此外，我們還要利用這部分去處理一些想兼職做保險的候選人。

為甚麼請兼職？

事實上，很多保險團隊不介意聘請兼職，尤其是一些採用無為而治方式管理的團隊。那些團隊全都不用上班，有事才返公司處理；有些則要求每月或每週開一次會。愛打人海戰術的那些經理，只要有人肯做，不論全職或兼職，都無任歡迎。而一些缺乏個人魅力的經理由於較難請到全職，所以會退而求其次請兼職。

近年全球大部分政府也實施量化寬鬆政策，造成市場資金泛濫，再加上人口老化，人們對理財和投保需求有增無減。內地抵港客戶投保更是普遍，令香港保險理財行業迎來前所未有的好景。很多理財顧問的收入因而大幅上升，羨煞不少人，招徠不少人自薦入行。

為何想做兼職？

我在一些朋友聚會中，經常被問到：「Wave，你覺得我適合做保險嗎？」我就會反問他們：「為何你想做兼職？」得到的答案包羅萬有，大致可分以下幾類。

1. 有些看好保險理財行業的發展前景，但對自己投身這行沒信心，不敢貿然辭去現有的工作，故想先做兼職試水溫，若有成績才轉全職。
2. 有些很喜歡目前的工作，無奈收入不高，部分因將榮升父母，所以想兼職做保險，賺多些收入。
3. 有些是家庭主婦或主夫，要照顧家庭和小朋友，難以全身投入保險工作。
4. 有些想利用目前工作的人脈，成為開拓保險生意的渠道。
5. 還有一種是近年較常見的，他們在內地有很多朋友對香港保險感興趣但苦無門路，經常被拜託介紹香港理財顧問，但後來覺得肥水不流別人田，與其給人做，不如自己做兼職。

做兼職難成功的原因

我可以告訴大家，抱着以上心態做兼職的人，大多不會成功。團隊請兼職更可能成為負累。我之前説過，我的團隊發展至 10 人時，業績和人數都停滯不前，其中一個原因就是聘請了兼職。

一個兼職做保險的人，由於有正職在身，投放在保險的時間相對少，自然簽單數目不及全職同事。再加上他們沒有太多時間接受培訓，實習機會又少，到真正有客上門時，便沒有自信獨自處理，往往要我或其他較有經驗的師兄師姐陪同見客，加重了我和其他全職同事的工作負擔。

如果兼職同事的人脈網絡夠廣，認識很多有錢人，可以簽到大額保單，彌補單少的問題，做到薄銷多利的效果尚好。倘若沒有大客，再加上投放時間不多，見客少，單又小，便自然沒信心轉全職，甚至萌生去意或達不到公司最低的業績要求而被逼離職。

除了上述原因，還有很多實際操作問題。例如，當你在公司忙得不可開交之際，有客發生交通意外，問你索償步驟，但你未能即時回覆，那怎麼辦？如果你說下班才回答，對方便覺得你不專業，日後未必再介紹客給你，甚至斷單。

另外，有些人想利用全職工作去認識人脈，但你一邊代表這間公司傾生意，另一邊代表保險公司做生意，身份上如何轉換？站在客戶的角度，亦會覺得你很奇怪，分分鐘向你老闆投訴。

如果兼職者主打香港人市場，還可以利用放工、公眾假期見客。但如果目標客戶是內地抵港人士，那就有難度了。雖然目前大部分保險公司也容許用平板電腦替內地抵港客戶定位、簽單和認證，證明這單交易是在香港境內進行。但客戶還要去銀行開戶和進行體檢，所以連同簽單，隨時要花一天。有時更需要離境交際應酬，你的工作能否容許你隨時請假呢？而你的年假又是否夠多，足以讓你做兼職？

做兼職前先回答兩個問題

1. 初入行時，不少客戶也是你的朋友，當朋友問你：「為何你做兼職而不做全職？」你會怎樣答？

2. 如果朋友同時被另一位同公司的代理 A 接洽，彼此的關係和親密度是一樣，但 A 君是全職，你是兼職，你還可憑甚麼贏全職的 A 君？

如果你能有很好的答案，那不妨試做兼職。事實上，做兼職也有成功例子，但個案不多。一般要具備以下條件才可以成功。

做兼職的人，其本身的工作時間自由，有足夠時間投放在保險工作上，而且為人高度自律，會自行約客之餘，又會自動自覺學習最新的產品資訊。另外，他又有把握做到大額保單，因為時間已經不多，如果客路只屬細額保單，做起來會十分辛苦。還有，他需要一個全職而且非常專業的領袖，並且其團隊要有很多支援，這樣才不至累鬥累。

再說，心態也很重要。有些人和我討論兼職時，我會問他：「李嘉誠有很多業務，當中有地產、能源、電訊、物流、超級市場等等，那一樣是他的全職？那一樣是他的兼職？」很多人都答不知道，或答樣樣都是。其實答案是，做生意沒有分全職或兼職，只有打工才會分。而保險是一門生意。我見過很多做保險失敗的人，往往是抱着打工的心態去做。但如果換作做生意的心態去做，相信不單做保險，做任何行業或工作也必定會做得很出色。

最後要講求專業。如果你只把保險當作一門生財工具，有兼職的想法不難理解。但若你把保險視為一門專業，肯定不會這樣想。試想想當你生病時，你會找一位兼職醫生替你治療嗎？被人告上法庭，你會選擇一位兼職的律師替你辯護嗎？我相信你不會吧！生死攸關當然要信賴專業人士。那為甚麼投身保險這行就可以不追求專業呢？自己也不當自己是專業人士，怎可能會得到客戶的信任呢？

因此，若有人自薦入行做兼職，你不妨跟他們説：「有信心未必會贏，但沒信心就一定會輸！」既然有意做保險這行，何不全力以赴，抱着破釜沉舟的心態去做？如此成功的機會更大。説穿了，做保險這行要成功當然不是易事，但亦沒有想像中難，只要你找到一間大公司，有合適的老闆和團隊，再加上後天努力，一定可以成功！

第五部：安排考牌

完成首四部曲後，我們便可為他們報讀牌照課程。眾所周知，在香港要做一個理財顧問，最基本要考取保險中介人資格考試卷一及卷三的資格。大型保險公司會有課程助候選人考牌。

然而，香港現時愈來愈多人入行做保險，考試人數亦很多，公司就算不斷增加資源，也難以滿足想入行人士需求，想報課程或需要等一個月之久。換句話説，好不容易才將面試者的熱情推高，卻因為輪候報讀課程而冷卻下來，那豈非白費工夫？

所以，在首輪面試時，如果覺得對方是合適人選，那就事不宜遲，先為對方報課程，儘量爭取時間。假如在第二輪面試或之後，覺得對方不合適，或是對方選擇不加入我們的團隊，到時再取消報讀課程也不遲。

可能有些讀者會問，既然如此，那為甚麼不預先考牌呢？有招募經驗的朋友便會知道，未進行以上流程便安排候選人考牌，他們大多會不合格。原因不是考試難，而是考試內容太悶。若不太確定候選人的入行意向便安排考試，他們很容易敷衍了事或放棄考試，所以還是先攻下他們的心才安排考牌吧。

第六部：選拔精英

某些大型保險公司會有精英計劃，以較為優厚的待遇，專門吸納一些年輕、有大學學歷，但沒有保險工作經驗的年青人才。如果閣下的公司也有這類計劃，面試者或需要做多一次面試，以確定候選人是否合資格。

第七部：總監拍板

面試最後一關見團隊總監。事實上，候選人經過上述六個面試步驟後，基本上已被確認是一個適合做保險的人才，但不同的保險團隊有不同的文化和制度，有些團隊要求同事每天上班和接受培訓，遲到有懲罰。有些團隊主張有單交便返公司，沒事可失蹤。

這候選人是否適合閣下的團隊？能否融入團隊的文化？接受團隊的管理模式？這便需要由經驗豐富和最清楚團隊情況的總監，在這一次見面中，決定要不要這個候選人和配對那個管理模式。

所以，這關至為關鍵，因為一個能融入團隊文化的人，磨合速度會較快，成長和表現亦會較佳。若然你招徠一個有能力但不適合你團隊的人，除了要花很多時間和精神去輔導他，若然他跟你唱反調，又要花很多時間善後和處理人事問題，那就太浪費時間。

第八部：調校心態

當候選人通過總監那關後，基本上已可被正式聘用。但在正式簽約前，還要多做一個步驟，就是 Mind Setting，調校心態。

就此，有兩項可做。第一項是要求候選人做讀書報告。我會推介候選人閱讀我所寫的《銷魂》。這本書講述我大學畢業有七個工作機會，我為甚麼選保險？從入行初期無所適從到後來成為頂尖財務策劃師的故事。藉此分享一些實用的財務策劃和銷售技巧，及正確的思維和心態。這好比打疫苗，能提高候選人的留存率和成功率。

第二項是與 VIP 面談。所謂 VIP，是一位對候選人很有影響力的人，可以是父母、配偶或男女朋友。我會請候選人和這位 VIP 吃一頓飯，目的除了歡迎候選人加盟外，更重要是移除日後的障礙。為何 VIP 會是障礙？因為有見很多年青人做了一段時間後便辭職，其中一個常用的藉口就是家人反對。這個理由可能是真，也可能是假，我們永遠無法驗證，但我們之前培訓所花的時間和工夫卻因此白白浪費。所謂預防勝於治療，跟這位 VIP 吃飯面談，便是先下手為強的方法，席間乘機問兩個問題。

1.「世伯，兒子入行做保險，你有何看法？」

2.「你知不知道兒子為何入行？」

當對方回答後，你便知道這位候選人有否告訴家人自己的想法。此時你大可先打圓場，然後繼續閒談吃飯，到中段時再跟 VIP 說：「其實做那一行，某程度也會改變生活習慣，我們這一行也是，第一會少了回家吃飯，因為很多客都是朝九晚六上班族，只有放工時間才可談保單，所以未來會少了時間陪伴你，但這個情況不會永遠持續，因為你兒子和他的客也會成長，當業務上手後，便可將工作集中在日間，如此晚上便可回家吃飯。」

「第二個轉變是家用方面。由於兒子剛入行，要重新建立工作習慣，業績也不穩定，所以有機會影響家用。同樣，這情況不會永遠這樣，隨着經驗累積和我們公司的薪酬福利制度，你兒子的收入只會不斷上升。」此時可以分享你的收入和晉升情況，令 VIP 知道你兒子都會有一個美好前景，讓他放下心頭大石。

還有一點必須提的，就是「我們是做前線工作，心情會有很多起起伏伏，並不是每個人也懂得應付，如果你兒子不開心，你會否願意聽他分享？」此時大部分人都一定說「會」，然後你接着問：「那你兒子如果遇到挫折、不如意，你會如何回應？」有些較正面的家長會說鼓勵兒子，這樣當然好，你大可以順着對方說，日後要多鼓勵兒子。

但亦有一些父母會勸兒子辭職，不要做。此時你要再問：「如果一個人遇挫折便放棄不做，你覺得這個人會成功嗎？」對方應沒有反駁餘地，答：「不會成功。」那你便可以打蛇隨棍上，說：「所以世伯，鼓勵很重要，如果你兒子日後向你吐苦水，你應如何回應？」對方必定會答：「叫他繼續努力，不要放棄，捱過之後就會好。」

這個面談可以向 VIP 推銷我們的工作、公司及團隊，加強他的信心，亦可釋除他對保險理財行業的疑慮，甚至成為候選人強力的 COI。COI 的英文全稱是 Centre of Influence，直譯是影響力中心，即是讓 VIP 介紹客給你，而他毋需做任何的保險銷售工作。由於這位 VIP 對候選人來說是最有影響力的人，他的鼓勵會比其他人更為有效，所以這一步是十分重要的。

第九部：進行簽約

這步驟毋需多講，是一個加入儀式。

看完上述面試九部曲，可以知道招聘過程絕不簡單，歷時一個月至數個月不等。或者大家會奇怪，花那麼長時間，會否嚇怕人？人才更有機會被其他公司撬走，不是嗎？

確實，一個超過一個月長的甄選流程，是有機會打消部分人的入行意欲。但這個世界上，有太多 Easy Come Easy Go 的人，這些人未必能在保險界長遠發展。雖然我們培育一個新人，金錢成本其實不多，但所花的時間和心機卻不少。作為一個頂級團隊的領袖，時間有限，當你花時間栽培一個人後，結果這個人做了很短時間便辭職，損失的只會是自己。有一位前輩曾分享：「請人要慢，炒人要快。」細想之下，不無道理。

這個面試九部曲，每一部都有特別作用。一個候選人有耐性經過這九關，起碼已表現其誠意，並非抱着試的心態。所以，大家寧願花多少少時間在前期面試，挑選真正合適的人加入團隊，總好過倉促招攬候選人入伍，事後才發現不合適，費時失事。

4.2 八步成招

面試九部曲是甄選人才的步驟，但在此前，同事應向甚麼人招手？他們有何方法邀請心儀的目標面試呢？這過程又有另一套學問。

一般來説，招募方式可分為兩種，被動和主動。被動是在求職平台上打廣告或透過社交平台等渠道建立個人和團隊形象，然後被動地等人找上門。這種方式的好處是可交由秘書或助理去處理，我們所花時間不多，但壞處是成效低，而且結果難料，所以坊間大多會主動物色人才，即是由我們主動開口邀請別人加入團隊。

主動招募又可分為兩種，直接招募（Direct Recruit）和轉介（Referral）。前者是透過個人觀察，在我們身邊的朋友圈中尋找合適的人才。但一個人的時間和朋友都有限，想團隊增長快，便需要靠介紹，就是請同事、客戶和朋友幫忙轉介，讓他們一起參與招募工作，愈多人參與招募，團隊的人數便可呈爆炸性增長。

然而，請同事轉介的弊處是，同事所選的人未必是你想要的人，又或同事遇到合適的人才，卻不知如何開口招募，所以團隊最好有招募培訓計劃，以提升招募人才的命中率，亦令同事招募人才時更得心應手，從而更投入招募工作。

但切記，這套招募流程不可過於複雜，所定的甄選條件亦不能太多和太苛刻，否則只會打消同事的招募意欲。經我一輪琢磨和實戰後，最後研製出一套招募策略「八步成招」，顧名思義有八個步驟。很多同事按此不但能夠提升招募成功率，招募的人才質素也不俗。

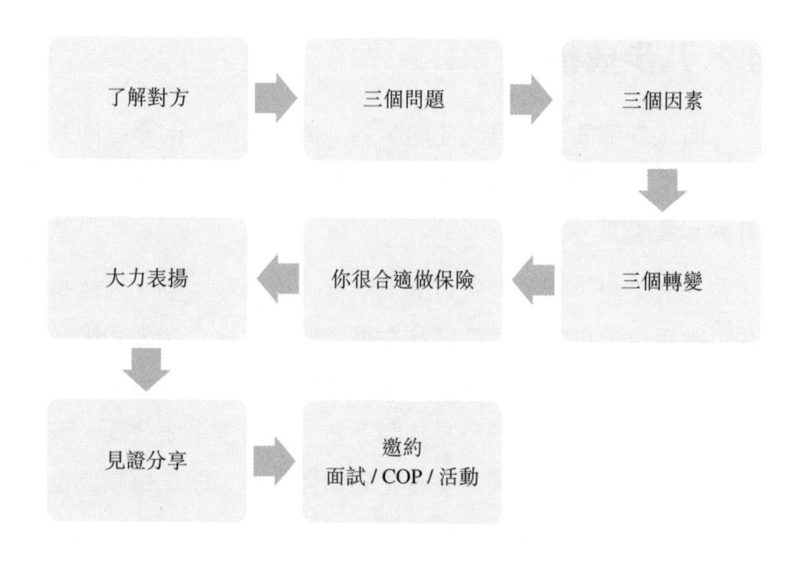

第一步：了解對方

第一步要了解對方（Fact Finding）。做保險的人，對此不會陌生，因為入行第一天，領袖必會教大家用不同方法去了解你的客戶，包括他們的潛在保險或理財需要，以及財政狀況、風險承受能力等等。而做招募也需要了解對方，不同的是，內容會是解答第二步的三個問題，以及找出第三步提及的三個因素。

第二步：三個問題

1. 自問如果我是客戶，想找理財顧問（Financial Planner, FP），而面前的候選人接洽我，我會選擇他嗎？
2. 他能否融入我的團隊？
3. 他是否有很多潛在大客？

這三個問題不是問候選人，而是當深入了解候選人後問自己，不用告知對方答案。

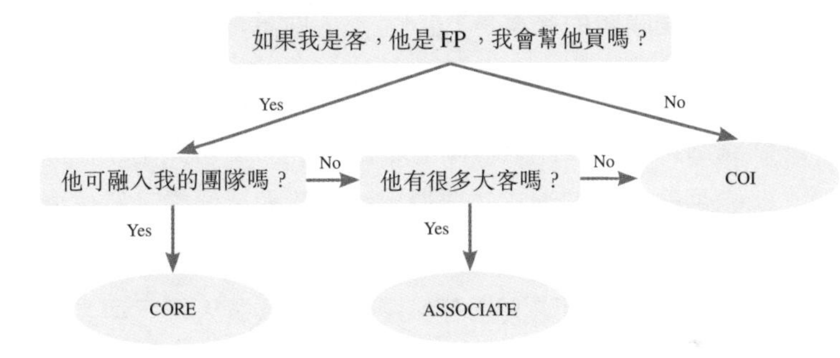

第一個問題關乎候選人的誠信、人格、能力，以及你倆關係的綜合考慮。如果連你都不會讓他為自己理財，他必定有些缺失，例如他做事不穩妥，或是不懂與人溝通等等，可以想像他入行後的成績亦難出眾。既然如此，你便無謂浪費時間。

然而，若你反駁所謂冤豬頭都有盲鼻菩薩，你不幫他買產品，不代表其他人也不幫他買，何況經驗告訴大家，成功的保險人根本沒有樣子看，很多時要真正入行後才知是龍是鳳還是蟲，單憑一個問題否定一個人會否太兒戲？

就此，我想帶出一點，就是這個世界沒有絕對客觀，只有比較客觀。而且，你想想「消費」是客觀還是主觀，理性還是感性的事情？消費者購物很多時都出於感性，很主觀地覺得產品好，但很多時買回家後才發現不太有用。大部分客戶買保險不是因為充分了解產品，而是覺得自己充分被了解，因而感性地信任理財顧問，認為顧問明白自己的需要，為自己挑選合適的產品，所以候選人給你的印象十分重要。

再者，如果你在否定這個人時仍邀請他加入團隊，當他成績欠佳時，你的潛意識會因着你當初的判斷而疏忽照顧他，他亦會因此對你有怨言，如此你倆的合作關係亦未必長久。所以，若第一個問題的答案是「否」，那人便萬萬不能招，但基於環保原則，還是可以栽培他成為你的 COI。

話說回來，若然你第一個問題答「是」，便可問第二個問題：他能否融入你的團隊？要得出這個答案，便需了解候選人的理念與三觀是否與團隊一致，當中包括團隊定位、目標市場、管理模式和團隊文化等。還有，這候選人願意與其他同事互動？如果所有答案都是正面的，恭喜你，你已找到你想要的人才，你可以部署邀請他成為團隊的核心成員（Core Member），目標是打造他成為未來的區域總監，甚至是可持續的 TOT。

若然第二個問題答「否」，即是你認為這人適合做理財，但卻不能融入團隊，顯然大家在重要價值觀上未能取得共識。若勉強邀請這人加入團隊成為核心成員，便很有可能出現第一章所描述的情況，為團隊埋下隱患。

那麼，這是否代表此人完全不能用呢？非也！此時便要問第三個問題，他是否有很多潛在大客？如果沒有，就乾脆培育他為 COI。如果他有很多大客，那我們可以換個合作方式，邀請他成為生意的合作夥伴，我稱之為 Associate。

甚麼是 Associate？

Associate 是指那些適合從事理財工作又有大客在手、只是與你團隊文化或管理方式不合的人。那些人當中不乏兼職者或經營其他生意的人，他們不可能天天上班，甚至根本不可能上班。若把他們與核心同事放在一起管理，令他們互相認識互動，容易交差感染，於團隊弊多於利。

我旗下一位經理不聽我的勸告，為了方便自己發布公司訊息兼節省時間，開了一個微信羣組把所有 Associate 加進去。那羣組最初運作頗順暢，但後來羣組內開始討論或交流其他事情，例如向兼做股票經紀的請教股票投資、做傳銷的鼓勵別人做傳銷，總之甚麼也討論就是不討論保險工作。到經理忍無可忍，出言阻止時，他們就另開羣組繼續快活，原本的那個羣組便變得水盡鵝飛，當然也沒有生意了，那班人最終全部流失。

另一位總監因歷史原因有兩個辦公室，一個給天天上班的人用，另一個給自由上班的人用，結果當然是自由上班的那個愈來愈少人上班，業績也不好。結果公司要回收他那個使用率低的辦公室，他順水推舟把兩班人合併在一個辦公室，希望天天上班的同事感染自由上班的人，結果當然是相反。這團隊亦因此元氣大傷，要用幾年才重拾正軌。所以對 Associate 同事要用點對點的管理方法，既減少交差感染的機會，又可因材施教，度身訂造其發展計劃。總而言之，管理 Associate 的精要在於「彈性」和「點對點」。

但點對點管理有甚麼不好呢？我用一個譬喻說明，就是你的兒子因某些原因不能回校上課，你便需要在家點對點把他要學的知識傳授給他。即是說，因為你的 Associate 不能融入團隊，未能接受團隊系統性的培訓和支援，你便需要點對點培訓，獨立給他支援。正因如此，你所花的資源和時間隨時是核心同事的數倍。如果該位 Associate 同事未能做到高於核心同事數倍的業績，那你為何要聘用他？何不將所有資源都花在核心同事身上？

因此，你的招募對象有多少大客，便成為你是否請他為 Associate 的關鍵。愈多大客，他們的業績便愈大機會高於核心同事，那你的資源便會用得其所。

可能大家會問，用甚麼去界定大客？其實無一定答案，因為每個人、每個團隊對大客的定義也不同。對於一些初級經理，同事相對少，收入較低，時間較充裕，大客的門檻會訂得相對低。但對於一些經驗老到的總監來説，同事多，收入高，時間少，大客門檻相對訂得高亦很合理。

有一點大家必須留意，團隊始終建基於核心同事，而非 Associate。若然你花過多時間和資源在 Associate 同事身上，而忽略了團隊的基礎建設和建立管理系統是十分不值得的。畢竟，由人去照顧人，可照顧的數量是有限的，但當你找到一些志同道合，有心有力的夥伴建立一個完善的系統去照顧人，便可照顧無限。

第三步：三個因素

「八步成招」的第一步是了解對方，第二步是要得到三個招募問題的答案，好讓我們初步知道招募對象應向甚麼方向發展。然而，我們仍需要繼續了解對方，找出三個重要因素，分別是推因（Push Factor）、拉因（Pull Factor）及疑慮（Consideration Factor）。

推因

這是驅使他離開目前工作環境的原因。舉例，你結婚多年，有天突然出現一個夢中情人，還主動向你展開追求，你會否因此拋棄你的伴侶，與夢中情人在一起？我相信大部分人都不會，並非因為夢中情人不吸引，而是因為伴侶沒甚麼不好，也沒有行差踏錯，貿然離婚反而會被人唾罵，既然如此，還是一動不如一靜，維持原狀最好。

同一道理，就算保險理財行業有多吸引，如果沒有一個驅使他離職的理由，你的對象是不會離開現時的工作崗位。這就是尋找推因的重要性。

拉因

當你的對象有離職念頭，而職場有其他選擇，那就不代表他一定會選擇保險理財行業，更不一定會加入你的團隊，此時就要有拉因，找出他加入貴團隊的誘因。

很多人做招募，會一口氣説出我們這行有多好，前景有多亮麗，但其實對方聽得入耳的可能不多。與其萬箭齊發，倒不如一矢中的，先用心聆聽對方在人生和事業上想追求甚麼，然後在你的工作中找一些相關的優點去吸引他，成為他的拉因，如此成功率會高很多。

疑慮

最後要知道對方的疑慮。正如大家覺得救火、防火還是逃生重要？答案當然是防火，防火做得好，便不用救火和逃生。例如候選人是一個中年已婚有子女的男士，就算他沒有説出口，正常他會擔心收入不穩定，影響供樓和家用。所以，你要率先找出他的疑慮，在稍後見證分享時，不經意刻意地處理，這樣他便沒有拒絕你的理由。

第四步：三個轉變

很多時候選人在簽約加盟前，不出意外地出意外，辭職時被上司用不同原因挽留，所以我們要繼續防火。現代人的話題離不開抱怨工作，包括上司刻薄、工作量大、工時長、人工低、人事複雜等等，只要你的對象對工作有不滿，你便可以乘機提出以下「三個轉變」：

1.「其實你何不轉上司、轉團隊？」

一般而言，你得到的答覆會是「很難」，如果轉上司便等於和上司鬧翻，不如辭職更好等等的拒絕理由。

2.「那不如轉部門，嘗試新的工種？」

此時，你的對象會搬出沒有相關學歷或技能，或是其他部門不缺人，諸如此類的答案。

3.「東家不打，打西家，何不轉公司，換個新環境？」

你的對象便會説：「天下烏鴉一樣黑」、「換湯不換藥」、「去那一家公司的命運都是一樣」等等的説話。

其實，上述對答都是千篇一律，只是用詞不同。儘管如此，你仍要問下去，目的是要對方親口説一次答案，事關推銷的最高境界就是推銷自己，亦即是自己洗自己腦。換句話，我們的目的就是要他封自己的後路，避免他稍後提出拒絕的理由。

第五步：你很適合做保險？

當我們依次完成上述四步後，此時你可以入正題，對他説：「其實，有沒有人跟你説過，你很適合做保險？」這個問題只有「有」和「沒有」兩個答案，沒有第三個。

第六步：大力表揚

如果他說「有」，你便可以隨即稱讚對方。這可以透過一些事或你的觀察，稱讚他的人格、性格和能力等（這可參考第二步的第一個問題答案），最好讚到他飄飄然，務求要提升他加入團隊的興趣和信心。那如果對方說「沒有人說我適合做保險」，你就只需簡單回應一句：「沒有理由，難道他們是盲的嗎？」然後又繼續稱讚他，這種對答萬試萬靈。

很多時，候選人如因缺乏信心拒絕入職，也是因為這一步做得不到位，所以這一步是非常重要的。

第七步：見證分享

經過一輪稱讚後，相信對方對你的工作和團隊已產生初步興趣，這時便可以分享入行見證，這裏又可以分成五個部分：

1. 入行前的光景
2. 入行原因
3. 入行經過
4. 工作的內容和意義
5. 加入後的改變

而在第三步得到的三個因素，此時便派上用場；入行前的光景可配合對方的推因，大致說你如何懷才不遇、上一份工作如何不如意，最好找一些與你背景相若的人合作，易生共鳴。

同樣，入行原因最好找一些相似的拉因。而有關入行經過，除了要為之後的行動鋪路外，還要加入你的疑慮，當然，那些疑慮也是候選人的疑慮，然後談談你如何解決。如此便可不經意地釋除對方的疑慮，而對方亦無機會再拒絕你。

另外，你要配合候選人的拉因，講解我們工作的具體內容，以及背後的精神意義，因為很多人對保險理財行業都是一知半解。據我觀察，能在入行前清楚知道保險工作的意義的人，其工作表現普遍較佳。

最後，你要配合候選人的拉因，分享加入後的轉變，這點要與加入前的光景作強烈對比，例如你以前經濟拮据，現在則有錢有樓有車；從前日日 OT，現在可不時跟朋友敘舊，生活精采，提升對方入行的興趣。

第八步：邀約

「八步成招」的最後一步就是邀約。如果你認為對方已經有心理準備辭職並加入你的團隊，那便可以邀請他遞交履歷表和參加面試。若然你覺得對方未準備好，則可以邀請他參加團隊舉辦的講座或活動，讓他多了解公司和團隊文化，待他準備好後，再正式面試。

4.3 賺錢五層次

面試九部曲和八步成招都是招募上的實戰技巧，也是一個招募系統，只要同事跟着做，招募的成功率和所招的人的質素也肯定有保證。然而，站在候選人的角度，轉工是重大的人生抉擇，要他們放棄現有的工作，轉到一個沒有固定收入的新環境，有所顧慮和猶豫乃是人之常情。

在八步成招內，第三步要大家找出對方想轉工的三個因素，分別是推因、拉因及疑慮，最多人的推拉因都和錢有關。

事實上，每個人都想賺多些錢，但很多時無論如何努力，都總是賺得不多，有種徒勞無功的感覺。這是因為許多人還未認清自己的賺錢模式是屬於何種層次。

第一層：用時間賺錢

簡單來説，這泛指一些低技術工種。嚴格來説老闆不是買你的能力，而是買你的時間，那些工作絕大部分人都可以勝任，職位如快餐店和超市職員、普通文員、保安員等等。由於這些工種不愁無人做，老闆一般不會出高價請人，因此從事這些工作的人，賺的錢很有限。

第二層：用勞力賺錢

靠勞力賺錢的人，例如地盤工、搬運工，他們的工作極需要體力勞動，所以賺的錢會較第一層為多，而且多勞多得；雖然如此，除未能賺大錢外，還有手停口停的風險。

第三層：用專業賺錢

說到靠專業、知識賺錢，典型例子就是醫生、律師、會計師等等。這些專業入行門檻高，必須有一定學歷，而且要考取專業資格，且有多年實戰經驗才可有一定成就。市場上不易有人取代他們的位置，所以他們的收入十分可觀，在社會上可被視為中產階層、小康人士。

第四層：用膽色賺錢

提到靠膽色、眼光賺錢，例子就有基金經理、初創企業家。基金經理除需擁有經濟、金融、股市等專業知識外，還需有眼光在股票市場進行買賣。初創企業家除要有市場觸覺，還要有創業勇氣。負面的例子有搶劫大盜，毒犯等犯罪分子。這些人若能成功，他們隨時能在短短一年賺到幾十年的錢，收入遠超很多打工仔。

第五層：用人脈賺錢

最後一個層次是靠關係、人脈來賺錢。俗語有云：「識人好過識字。」事實上，很多行業都相當講求人際關係。不少成功的企業家都有很廣的人際網絡，不但有助拓闊客源，還有一班得力的要員為他們打拼賣命。很多大機構會聘請退休高官當顧問，看中的不單是他們的知識或工作經驗，還有他們的人脈。

當你向候選人分享「賺錢五層次」後，便與他探討他目前屬於那一個層次，他甘心停留在此，領取目前的薪酬，做個普通打工仔嗎？還是他想人望高處，向上流賺取更多收入，提升自己和家人的生活水平？

若然他只求安於現狀，滿意現有的薪金，那他可能未有足夠的推拉因轉行，你只能繼續等時機或另覓人選。但如果他不甘於現狀，覺得自己可以賺更多，那你便帶出保險理財工作是屬於第二至五層次，以多勞多得和用專業知識賺錢不多說。每每見客就如玩鬥智鬥力的遊戲；遇到有錢人時，你要有膽色推銷一張億元大保單給他，那你分分鐘賺到打一輩子工的收入。而且，賣保險就是靠人際關係賺錢的行業。如果你與客戶關係好，服務好，當你在馬爾代夫沙灘上享受日光浴時，同一時間你某些客戶可能正在談論你，推介你給他們的朋友。此外，當建立團隊後，同事亦會不停找生意，即使坐在辦公室內開會，收入也不會因此而停滯不前。

若你能把握以上賺錢五層次，並好好運用九部曲中的第三、四部，以及八步成招第七步，招募成功率必定大大提高。

學習筆記

1. 面試流程九部曲

   一：收履歷表

   二：甄選人才

   三：吸引人才

   四：增強信心

   五：安排考牌

   六：選拔精英

   七：總監拍板

   八：調校心態

   九：進行簽約

2. 八步成招

   第一步：了解對方

   第二步：三個問題

   自問如果我是客戶，想找理財顧問（Financial Planner, FP），而面前的候選人接洽我，我會選擇他嗎？

   他能否融入我的團隊？

   他是否有很多潛在大客？

   第三步：三個因素（推、拉因、疑慮）

   第四步：三個轉變（轉團隊、部門、公司）

第五步：你很適合做保險

第六步：大力表揚

第七步：見證分享

入行前的光景

入行原因

入行經過

工作的內容和意義

加入後的改變

第八步：邀約面試

3. 賺錢五層次

第一層次：時間

第二層次：勞力

第三層次：專業

第四層次：膽色

第五層次：人脈

Terry 見解

招募是發展團隊最重要的一環，因此，所需掌握的技巧及知識就需要更多及更具體。招募到一個合適的成員，對他來說，輕則有一個理想的事業發展；重則帶給對方一個更美好的人生。對團隊來說，不單增添一位成員，甚或他會是另一位成功的招募經理。

有一個坊間較為少人探討的技巧在招募過程中非常重要，如果掌握得好，亦可發揮在生活的不同層面，讓事情的預期結果更大機會發生，這技巧就是先此聲明（Grounding），實際上 Wave 在不同的招募環節中融入這技巧，亦運用得非常之好，而我只藉着這環節來具體剖析這技巧，讓大家更直接掌握這竅門，讓招募的成效大大增加。

先此聲明的目的是讓對方面對一個情境之前，能預先認知當中將會出現的關鍵情況，從而明白若要達致預期結果，就需持有相關態度或採取相關的行動，就算要面對一些預計的困難、疑惑或反應時，都應覺得是理想當然。當我們作出先此聲明後，對方就會預先明白關鍵所在，並懂得因應自己的需要而作出適當的選擇。以「面試九部曲」的第八部：「調校心態」中的與 VIP 面談就是一個很好的例子，以下我會剖析這例子如何有效地運用先此聲明來達致預期結果；並會闡述運用這技巧時的細節。

先此聲明的重點

1. 了解對方：了解對方的能力（甚至是限制），當面對這情境時，一般都會有的想法。
2. 描述情境：描述對方將要面對的情境。
3. 人之常情：把對方所面對這情境時所遇到的關注、困難或障礙都合理化。
4. 預計結果：當對方跟着要求所做，就會得到預期成果或效果。
5. 適當鼓勵：鼓勵對方面對該情境時應有的心態及行動。

了解對方

與 VIP 見面前一般都會預先了解對方與候選人的關係及其對候選人的關注所在，正如 Wave 所提及，一般都不希望自己的子女未做夠一段時間就辭職，能夠每晚都能一同食晚飯，及有穩定的收入，這些都是他們的關注。有了這些了解，就可預計保險行業引發 VIP 的關注 。因此，越了解對方就越能準確預計他們的關注。

描述情境

Wave 如實告知 VIP 他的兒子工作初期會少了回家食飯，亦收入不穩。這些描述能讓 VIP 感覺到你不但沒有避而不談，更能表達你了解他的關注，還給他一種坦誠的感覺，從而還可建立親和感（Rapport）。

人之常情

VIP 對兒子入行會關注生活變化、收入不穩、要面對挫折、未必成功等等都是合理的。更甚，如果決心不足、不願跟隨要求、態度不認真……等等都會是合理的失敗原因；反之，若能用心學習、有法可依、悉心指導等等都會合理地成功，這些都是人知常情，而一般人都會接受這些事理，從而就會釋慮。當對方明白成功與否不在於行業本身而是個人的選擇時，亦會接受這行，反而會希望兒子能夠成為行業中其中一個成功例子。

預計結果

Wave 告訴 VIP：「當業務上手後，如此晚上便可回家吃飯。」及「隨着經驗累積，你兒子的收入只會不斷上升。」這些都是預先告知只要一切順利，都按要求要發生時，這些結果將來都會出現的，這亦是 VIP 與兒子都期待的結果，同時亦都是當面對困難時主要的推動。

適當鼓勵

當對方對這情境有了更深了解後又能放下心頭大石，這時就要提出對方應有的態度或行動，在這例子中，Wave 透過發問方式讓對方明白要多留意兒子心情，並在需要時候要多給鼓勵。當 VIP 願意鼓勵兒子，這除了接受兒子入行之外，還明白兒子日後的需要。

以上先此聲明的重點，在實際發揮時並沒有必然的先後次序，重要的是要靈活運用，自然地在適當時候溝通。

「將合適的人請上車，不合適的人請下車」

詹姆斯。柯林斯 James Collins
管理學者

反思題

1. 你今年要招募到多少新人？
2. 你願意投入多少時間來進行招募？
3. 有甚麼有效的招募方法你仍未用過？

4. 你有甚麼定期的招募活動可以參加、舉辦？
5. 有甚麼策略你可以實行？
6. 在未來3年，你的招募計劃會是怎樣？（附工具）
7. 推銷行業、公司、團隊、直屬經理及自己的相關內容準備得如何？
8. 團隊內有誰可以協助你與候選人分享他們自己的經驗來增強他的信心？他們又有多願意協助你分享？為何？
9. 你會如何評估候選人能否融入團隊的文化及管理模式？
10. 你對做兼職有何立場？你團隊內其他經理與你的立場有多一致？

實用工具

1. 見證分享

掃描二維碼下載實用工具

第5章

管理新思維

5.1 五級領導力

很多領袖都想招徠心儀的人才，但易地而處，為甚麼那些人要跟從你，甚至為你賣命？很多時要看上司有沒有領導能力或影響力。

所謂領導力（Leadership），是一種令人願意跟從你的能力，一共分五級。而要提升領導能力，先要了解自己目前身處那一級？

理想
Vision
成長 Growth
表現 Performance
關係 Relationships
職級 Position

第一級：Lead by Position 職級領導

由職位帶來的領導能力，簡單說就是同事之所以聽你話，是因為你是老闆，你是領袖；你的職級賦予你權力。這種領導方式最簡單直接，因此最多公司或團隊採用。但壞處是你的影響力永遠不會高過你的職級，當你不在其位或是被降級，你的影響力亦隨之消失或下降。而你在位時，同事亦未必真心服你；當你吩咐他們工作時，那些人轉過頭隨時會問候你祖宗十八代。

第二級：Lead by Relationships 關係領導

這指因為關係而帶來的領導能力。在保險團隊，或是初創企業家，在事業剛開始時，往往都是找身邊的好友兄弟搭檔。由於大家關係十分好，有甚麼事都會兩脇插刀、拍拍心口就「去馬」，所以這個級別的領導力，影響力是大過第一級。但這級的領導力，壞處是一旦你和拍檔的感情變了，目標不一致，或是難以滿足拍檔的工作期望，便很容易拆夥。情況就如，你和你的朋友在九龍仔公園踢了很多年足球，如果大家只當踢足球是消閒活動還好，若然你的拍檔球技了得，有份雄心壯志想進步，想入巴塞羅那，他便發現繼續跟你這樣無法達成心願，很自然會轉投一支真正幫到他的球隊。

第三級：Lead by Performance 表現領導

可以説，一個團隊 80% 的問題都是可以透過領袖以身作則去解決。所謂表現（Performance）並非單指業績這般膚淺，而是包括你的態度、言行、操守、誠信、能力等。例如，你要同事上班準時，工作按時完成，你又是否準時？你要別人無私奉獻，你又能否做到？你要同事做到 100 萬元生意，但原來你從未成功做過，你又如何説服別人去做？

簡單來説，沒有實力卻又自持領袖的人，正是坊間最多打工仔最不喜歡的領袖類型，反而有能力的人往往會吸引一班人主動跟隨。在保險界，很多較為成功的領袖也是靠這本事去帶領團隊。這就好像武俠小說中，一個擁有絕世武功的人，會有很多人慕名拜師學藝，徒弟亦甘願為師傅做牛做馬。然而，一旦這位武林高手的武功被廢，逢打必輸，最後亦會樹倒猢猻散。

第四級：Lead by Growth 成長領導

我跟一位領袖，自然想受到栽培，希望有所成長。這種成長不單指業績增長，而是包括個人思維、格局、能力的提升等。只要領袖令同事持續成長，即使同事現在暫時未成功，更甚者是處於逆境，他仍會甘願留隊發展，因為他相信這樣下去，成功指日可待。當領袖達到這一級，團隊的凝聚力將會十分強。

最高級：Lead by Vision 理想領導

這一級的領袖，影響力非常大。追隨這位領袖，就等於追隨他的理想和願景。最經典的例子是聖雄甘地，追隨他等於認同非暴力抗爭。還有未執政前的昂山素姬，彰顯和平民主的力量。德蘭修女、馬丁路德金、孫中山等，都屬於這類型的領袖。

在此，我又想用一篇網上文章詳加說明，內容講述馬雲 2009 年帶隊去美國考察 Google（谷歌），問創始人 Larry Page：「誰是你們的競爭對手？」本來馬雲期待他說微軟啊蘋果啊等等。誰知 Larry 說 NASA（美國宇航局）、Obama Administration（奧巴馬政府）。馬雲問為甚麼呢？他說：「誰跟我搶人，誰就是我的競爭對手。微軟、蘋果來搶我的工程師，我不怕，只要出更高工資，給工程師更多股權就好了。但是，我的工程師去 NASA，一年只有 7 萬美金，只有我這裏的五分之一工資，我還搶不過。我們 Google 描繪了一個很大的夢想，但美國宇航局的夢想，是整個宇宙。2009 年奧巴馬上台，很多美國人居然從政，包括 Google 裏面很多優秀的經理，放棄幾十萬的年薪去拿五萬美元的年薪投身政府工作，因為奧巴馬政府給予他們整個地球。」由此可見，這層次的領導力影響力何其大，是遠遠超於前四層，很多老闆還未達到這水平。

闡釋完五個級別的領導能力，相信大家已知自己屬於那一級別的領袖；若想提升層次，便要提升自己的能力、宣揚團隊的願景、培育同事進步。在此想強調一點，領袖不一定只停留在某一級別，其實大家可在職級、關係、表現、成長及理想五管齊下，1 加 2 加 3 加 4 加 5，其實等於 15，這種領導力就最天下無敵，自然吸引很多人跟你打拼。

5.2 四類團隊優勝劣敗

大家在社交媒體上，會經常看到不少關於領導（Leader）和老闆（Boss）比較的文章、圖片或影片，內容普遍是表揚領袖，將之塑造成一個有個人魅力，很多人願意追隨的高層，例如 Tesla、SpaceX 創始人馬斯克（Elon Musk），已過世的蘋果教主喬布斯（Steve Jobs），或是阿里巴巴集團主席馬雲，一舉手一投足，都吸引無數人追隨。

然而，對於 Boss / Manager 則大多是貶義，很多時將之描寫成死板、古肅、食古不化的人，甚至有人覺得這類人是老屎忽、無料扮有料、阻住地球轉等等。

其實這兩類人，涉及兩種不同的能力，分別是領導力（Leadership）及管理能力（Management）。前者是別人願意跟從你的能力，後者是管事和理人的能力。

擁有領導能力的人，都會着力於開創，不斷尋找資源、改革創新、把握發展機遇，並會激勵團隊士氣。而擁有管理能力的人，則會制訂各式各樣的規則和制度，建立一個系統，令同事合作無間，努力為制訂的目標進發，提升營運效率。就這兩種能力的配搭，大致可產生以下四類團隊。

第一類：高領導能力、低管理能力——亂

事實上，一個擁有高領導能力但低管理能力的團隊，由於能成功把握時機，所以人數和業績迅速發展和增長，但內勤的建設卻遠遠追不上發展步伐，以致在順景時人人有錢賺，並不覺有甚麼問題。一旦市況逆轉，生意難做，基於團隊缺乏完善的管理和支援系統，同事便容易產生不滿，內鬨隨之出現，令團隊陷入混亂。

情況就如「股神」畢菲特的名言：「只有在潮退時才會看清誰在裸泳。」所講的是一些沒有實力的上市公司，在經濟好時，即使公司管理不善，亂花開支，但因為收入仍然理想，交到業績，大家都未意識到公司管理差。但當經濟環境轉差時，收入下跌，便有機會出現過度擴張而資金週轉不靈的情況，更有倒閉危機，可見管理能力之重要。

香港保險業也出現類似的情況。由於近年內地人來港投保風氣盛行，不少保險團隊都大肆招聘有內地背景的人士，有些團隊甚至請人時不用面試。初時，這些同業單叫親朋戚友投保，生意也長做長有，惟近年內地收緊外匯管制，甚至因疫情而封關，這些人的業績驟降，問題亦不斷浮現。

第二類：低領導能力、高管理能力——慢

那低領導能力、高管理能力的團隊又怎樣呢？情況正正相反。由於這類團隊擅長防守，在環境不好時沒有問題，但環境轉好時，卻因為缺乏視野和改革創新的勇氣，沒有把握發展機遇。做生意最講究的是時機，但他們往往錯失機會，令企業或團隊陷入僵化，落後大市。

還記得一代手機之王諾基亞（Nokia）宣布被微軟

(Microsoft)收購的記者會上，其行政總裁 Stephen Elop 在發言臨結束時，說了一句經典金句：「我們沒有做錯甚麼事情，但不知為甚麼，我們失敗了。」說罷他和他的團隊都哭了。

不錯，但不代表是對。因為科技發展得太快，Nokia 未能抓住機遇，結果被蘋果、三星、LG、甚至華為從後趕上。這種低領導能力、高管理能力的公司，就是輸在一個慢字。

第三類：低領導能力、低管理能力——敗

若然是低領導能力、低管理能力的人，這類人根本不可能當領袖，偶然給他們上到位，也未必會做得長，失敗是遲早的事。

第四類：高領導能力、高管理能力——勝

要帶領團隊成功，領袖必須同時具備高領導能力和高管理能力，缺一不可。今時今日，社會對複合性的人才需求很大，一個教師既要有教學能力，又要有做行政的能力；若然是大學教授，除這兩種能力外，更加要有做學術研究的能力。

要知道，領導力包括個人魅力，但單靠一己之力，難以常勝，很多時需要借助團隊成員之力，如此團隊或企業的運作才能細水長流。而管理力就是涉及整個團隊系統、制度，領袖必需要領導力和管理力互相配合，才能做長勝將軍。

5.3 以量取勝？以質取勝？

我寫這本書時，講述甄選和招募的篇幅佔最多，其中花了不少心血設計「面試九部曲」和「八步成招」，因為今時今日保險團隊的人數固然重要，但質素更重要。這與傳統保險團隊奉行人海戰術，在理念上有很大分別。

其實，重量更重質並不是我獨有的想法，社會上有很多企業團體同樣採取這策略，其中一個團體就是我所屬的教會。

我於中學二年級時已經信奉基督教，可是因為父母反對的關係，一直沒有受浸，直至 2013 年才進行受浸儀式。很多基督徒朋友一聽見我在這教會受浸，都大為驚訝，因為這教會出名嚴格，受浸前像先要過五關斬六將般，先要上三個分別為期半年的課程，而每個課程也要考試，寫得救見證，聽浸前講座，最後還要面試。我的妹妹本來也有意思和我一起受浸，但一聽見如此繁複的程序也被嚇怕，結果去了第二間教會。但於我而言，受浸只是屬靈追求的一個過程，而非終點，區區那年半在漫長的生命中算甚麼，而最重要的是我對這教會有感情，所以我沒有轉會。

很多人以為，這教會訂下如此嚴格的受浸規則，必定會嚇走很多像我妹妹般的教徒，所以信眾必定會少。事實是，我 2004 年認識這間教會時，其規模不大，只在商業大廈的其中一層。但在 2013 年我決定受浸時，它的規模是一幢 20 層高的大廈，而且還在兩個地區開了分會。信眾方面，這教會每逢週六及週日，合共舉辦五場崇拜，每場崇拜可容納 2,000 人，場場爆滿。

由此可見，這教會的嚴格規則不但未有趕走信眾，反而吸引和栽培了一些更認真和虔誠的教徒。由於他們虔誠，所以會更徹底奉行聖經和教會的教導，例如履行十一奉獻和傳福音的責任。這使教會招徠很多人才和錢財，也令這教會在短短十多年間壯大。

這給了我一個很大的啟示，就是做事要立大志、做小事、成大就。小事指的不是雞毛蒜皮的事，而是細節，細節決定成敗。這教會在不同方面的細節上下了很多工夫，確保教徒的質素，因而成就今天的規模。

應用在保險招募方面，最理想當然是做到質量兼顧，但如兩者只能取其一，我會先質後量。請十個進取、會為目標努力拼搏的人，總比請百個做事得過且過的人為佳。

5.4 放羊式管理

最近學了一個新的管理學名詞「放羊式管理」。事緣近期有很多行家，特別是一些有內地背景的行家主動找我，表示想跟我發展。我一般都會問他們為甚麼要轉團隊，其中一個答案是：「我的團隊沒有支援、配套及培訓，奉行放羊式管理。」

我問他何謂放羊式管理，他反問我：「羊吃甚麼？」我答：「吃草。」他又問：「草是誰種的？」我說：「當然沒有人種，自然生出來，是天種的。」他便說：「就是，羊去到那裏便吃那裏的草，牧羊人由始至終都沒有餵羊吃草，那便代表天生天養，不理不管，坐享其成。」

接下來，這位朋友指出團隊內的諸多問題，例如不斷招聘新人，但硬件和軟件也配合不上；經理又太新，根本經驗不足；招募時又沒有任何甄選，結果變成冗員過多。經理要跑數之餘，還要花很多時間帶冗員新人。

這樣的發展模式，我也不太認同。保險無疑是一門生意，但更是一門專業。前線員工直接面對客戶，如果他們得不到合適和足夠的培訓，在客戶面前亂說一通，資訊錯漏百出，都會大大削弱公司甚至整個行業的專業性，而客戶亦會留下負面印象，前輩多年來付出的努力則會白費。更嚴重的是，如果前線員工不了解產品，未有向客戶說明產品的風險，有機會衍生出像 2008 年銀行推銷雷曼迷債等事件，影響十分深遠。

話又說回來，究竟放羊式管理又是否如上述人兄說得那麼差？出於好奇之下，我尋找相關資料，發現跟那位人兄所說的根本是兩回事，只要放羊式管理用得其所，其實是十分好的管理方法。

尋找合適的領頭羊

所謂放羊式管理，首先是要在羊羣中選一隻領頭羊，牧羊人只要管着這隻羊。若然領頭羊走出了草場範圍，牧羊人便要鞭策牠回來，其他羊隻自然跟着這隻領頭羊，不會走失、走散。

整個概念的重點，是牧羊人只要管好一隻領頭羊，就等於管理整個羊羣。牧羊人因此可以節省不少時間和精力，多出的時間可以做其他事，而整個管理的成功關鍵有四點：

1. 要找一隻合適的領頭羊

這隻羊必須與牧羊人有默契，服從牧羊人的指示，又有能力帶領其他羊隻。放在企業或團隊管理上，就是要找一位有能力的領袖或管理人員授權。他們要與老闆的理念、價值觀一致，會迅速回應老闆的指示，引發其下屬或隊友的積極性和潛能，然後共同向目標進發。

2. 指示要清晰、明確

有些公司採用放羊式管理失敗的原因，主要是老闆沒有給團隊明確指示、責任區分及工作要求。例如，老闆只簡單説要舉辦一個招募講座，但沒有明確要求。對究竟何時舉行？對象是甚麼人？多少參加者出席才算滿意？全無想法，結果經理和其下屬無所適從，不知如何是好。一個月後，老闆始發現講座仍未舉辦。如此這樣，雖然團隊位位都是人才，但因為指示不清，以致人才無用武之地，責任在老闆身上。

3. 要定時監察

若然團隊中有合適的經理作為領頭羊，確實可以推動團隊工作，可是這經理始終不是老闆本人。如老闆沒有清晰的指示，經理有時難免會會錯「聖意」。若然經理帶領發展的方向不對，也只有老闆能及時制止，令項目重回正軌及團隊順利抵達終點。換句話説，若然身為老闆的牧羊人一直在樹下午睡不醒，而領頭羊帶着羊羣走了歪路，還愈來愈遠。到牧羊人醒來時，可能已舉目皆空，就算能僥倖尋回所有羊隻，也費時失事。所以，老闆必須定時監察經理。

總括來説，如果能正確運用放羊式管理，其實可以提升企業或團隊的工作效率，就像香港富商李嘉誠旗下如此多業務，不可能由一個人管理，每個業務必須找個合適的 CEO 授權。然而，並非任何人也可擔任此重任，而是要找一個有能力、信得過的人，寧缺莫濫。

用在保險團隊上，就是要嚴謹甄選人才。始終團隊的資源有限，要將有限的資源放在對的人身上，才是王道。所以，我招聘時一直奉行四次面試的安排，然後才會決定聘請與否。銷售人員和經理可以透過系統量產，但真正的領袖（領頭羊）就要透過發掘有潛質的人才，然後行師徒制，手把手帶他們出來。

此外，不同的環境要採用不同的方法，不能一本通書讀到老。例如，小團隊還可以採用師徒制帶領新人，但當團隊壯大到某程度便要改變策略，考慮轉用放羊式管理，物色及培訓合適的領頭羊去引領其他同事，始可將整個團隊規模壯大。

5.5 成也關係　敗也關係

一個團隊要壯大，除了重視招募的人才質素外，還要有一套有效的管理制度。很多小團隊經常覺得發展停滯不前，很大原因就是缺少完善的管理框架。

以前曾有兩位初級經理，A 經理在現職級做了一段頗長時間，但無論如何努力，團隊成績仍是一般，自覺發展已到了一個瓶頸，很難上位。B 經理經常與上司有意見分歧，覺得與上司合作不了，問我有何解決方法。我分別與兩位經理詳談，發現兩者異症同因，也是小團隊普遍遇到的管治問題。

所謂小團隊，一般人數由幾個到十個不等，大都是經理找來的心腹好友，自然與經理關係良好。很多事只要領袖拍拍同事的膊頭，同事拍拍自己的心口便解決了。正因為這種兄弟班的感情帶領團隊成功，令不少經理深深覺得「關係」是團隊成功最重要的元素，但也是這「關係」阻礙了不少團隊發展。

管理按規模而異

團隊規模不同，管理方法也不一樣。坊間有句話：「小團隊靠關係，中團隊靠規則和制度，大團隊靠文化和系統。」如果你細心咀嚼，不難發現字字珠璣。

團隊要發展，自然要擴充人手；新人入職自然要經理多加照顧，舊人就會覺得被忽視，反之亦然，情況有點像生了第二胎後，兄弟間爭寵。而人一多，彼此關係亦不像從前般親密。再者，新舊同事的價值觀不盡相同，問題亦隨之而來。

試想想，當幾位新舊同事有意見分歧，你身為經理幫那一邊呢？幫理不幫親！？以前不是來這套，但順得哥情失嫂意。在內耗不斷下，就算有新人加入，但舊人離去，結果團隊人數也一直無法增長。

奉行法治

要長遠解決上述問題，便要從「人治」轉為「法治」。只有訂立清晰的規則和制度，大家才有法可依，才可減少爭拗。放眼世界，有那一間大公司是沒有規則和制度呢？沒有吧！是那些公司的規模大了才訂立制度，還是有制度才變大呢？答案可想而知。

有些成功轉型為中、大型團隊的領袖，由於是過來人，明白要變大變強，便不能太過婦人之仁，依賴情和關係去做事，因為知道結果只會適得其反。但有些還未明白這道理的小團隊經理或同事，便對上級說：「你變了，你以前不是這樣的。」也由於價值觀不一，上下級經常起衝突和矛盾，使團隊內耗不斷。

法情並行

其實，要避免以上情況，方法很簡單，就是第一天做經理便「法情並行」，甚至未晉升時已是這樣。誰說魚與熊掌不能兩者兼得？相信貴公司做得到的人多的是。只要做到工作上嚴守規則，平時與同事保持互信關係，懂得在法理情中平衡輕重，相信團隊必能做大做強。

5.6 民主集中制

既然「小團隊靠關係，中團隊靠規則和制度，大團隊靠文化和系統。」那怎樣制訂和執行規則制度呢？

如果所有規則只是由領袖「一言堂」決定，這和人治沒有分別，同事的認同感也不會高，現今年青人最不受這一套。何況領袖英明一世也總有蠢鈍一時，分分鐘一子錯，滿盤皆落索。

如此說，別以為我提倡民主。我多年前開週年大會時，讓整個團隊十多人一起制訂新政，結果你一句我一句，一天下來十個議題只完成了兩個，極無效率。香港前特首曾經在一個錯的時間、場合講過一句對的話，大意是民主只會令政策傾向窮人。細心想這句話不無道理，皆因無論社會或公司，基層是佔大多數，在一人一票下，政策真的會傾向基層，走向保守和福利主義的道路。

不過，政治歸政治，是有多方面的考慮。但公司和團隊就簡單得多，它們的存在意義就只有創造可持續的盈利增長。如果全民參與制訂公司政策，難免會有同事提出食 Lunch 要 3 小時；最好早上 11 時返工，下午 5 時準時放工，甚至甚麼四日工作更佳。如此一來，公司又如何經營和發展呢？最慘的是令弊政通過的人拍拍屁股走人，讓剩下的人承受後果。須知道最要為團隊的成敗負上最大責任的不是同事，而是領袖。

既然人治不行，民主又不行，那做決策時，應該採用那種方法呢？答案就是民主集中制。

我管理團隊經驗超過廿年，發現做決策時最有效的方法是採用民主集中制，即是在制訂政策時廣開言路，收集所有人的意見，但只有某職級以上的人才擁有投票權。

那班人由於在團隊身居要職，短期跳船的機會較低，而且視野較闊，深明香港好大家好的道理，更重要的是他們代表了某單位的利益，自然會作出能夠平衡各方利益的決定。這方法既避免獨裁的弊病，又隱含民主的成分，過去幾年在我的團隊也行之有效。而當一套有共識的遊戲規則誕生後，就要落實執行，但一個團隊制度由無到有是需要一個適應期，不能操之過急。

規則寬鬆，嚴格執行

剛開始時最好採取「規則寬鬆，嚴格執行」的策略，不要反過來「規則嚴謹，寬鬆執行」，即一開始不要將規則訂得太高，一來予人反感，二來實施起來又困難。若然有人不達標，你又一時心軟不執法，其他同事便會照辦煮碗。當你發覺此風不可長時，要殺一儆百，別人又會説你選擇性執法，到時規則形同虛設，又回到人治時代。所以，「寬鬆執行」是法治上的大忌，到適當時候再調整規則才是上策。

尤其做保險這行，招募時多以身邊朋友為目標，但做朋友風花雪月尚可，一旦成為工作夥伴，甚至是上司下屬的關係時，難免會有利益衝突。當你的朋友犯錯要受處分，你又能否下手？會否因為友誼而放棄團隊辛苦建立的規則？

正因為保險團隊太多這類關係，民主集中制便顯得更重要。整個團隊決策也是基於這個制度去表決，領袖只是充當法官的角色，如此一來不會和同事有正面衝突，又可維持團隊的法治精神。

學習筆記

1. 五級領導力

    第一級：Lead by Position 職級領導

    第二級：Lead by Relationships 關係領導

    第三級：Lead by Performance 表現領導

    第四級：Lead by Growth 成長領導

    第五級：Lead by Vision 理想領導

    若能五管齊下，這種 Leadership 就最天下無敵。

2. 四類團隊優勝劣敗

    第一類：高領導能力、低管理能力——亂

    第二類：低領導能力、高管理能力——慢

    第三類：低領導能力、低管理能力——敗

    第四類：高領導能力、高管理能力——勝

    要致勝就必須兼備高領導能力及高管理能力。

3. 招募人才最理想當然是質量並重，但如兩者只能取其一，我會先質後量。

4. 放羊式管理要訣

    - 要找隻合適的領頭羊
    - 指示要清晰、明確
    - 要定時監察

    放羊式管理用得其所，是壯大團隊的關鍵。

5. 管理要因時制宜，按規模而異。

6. 小團隊靠關係，中團隊靠規則和制度，大團隊靠文化和系統。

7. 團隊管理要奉行法治，法理情並行。

8. 推行民主集中制，制訂政策時廣開言路，收集成員意見，但只有某職級以上的人才擁有投票權。

9. 規則可以寬鬆，但嚴格執行

Terry 見解

每個團隊的規章制度各有不同，若能在新人入職前發揮好上一章所介紹的先此聲明（Grounding），就能有效協助他盡快融入當中。若團隊的制度與新人的價值觀相違時，例如，遲到要受懲罰，而當他在遲到時才知道有這要求，若他對這懲罰反感，這就會帶來不必要的負面經歷，往後，這可能成為這成員日後離開的原因之一。

為了確保每位經理在新人入職前，必須先此聲明，包括設定目標、所需培訓、不同會議的目的、團隊文化、規章制度等等，就要制訂一個新人入職時的指定環節，以協助新人能盡快適應團隊的文化及要求。

「管理者的責任是讓別人的才能發揮到極致。」

安德魯・卡內基 Andrew Carnegie
《卡內基如何贏得朋友與影響人》作者

反思題

1. 貴團隊規章制度是透過甚麼人及怎樣的過程制訂出來？
2. 團隊規章制度應多久作出一次檢視？會用甚麼方法來檢視？

實用工具

1. 雙贏承諾（Win-win Commitment）

掃描二維碼下載實用工具

第6章

新陳代謝

6.1 慈不掌兵

很多出色的公司對員工的表現都有要求，若員工的工作表現不達標，或是紀律上有問題，屢勸無効之下便會將之解除合約。可是，保險卻是一個很奇怪的行業，甚少會炒人，就算有人長期沒有生意或失蹤，依然會繼續讓他們留在團隊。箇中原因，一來很多同事、夥伴入行前是自己朋友，礙於情面，不好意思主動提出解約。二來做保險銷售沒有底薪，收入主要靠佣金，反過來説，你作為領袖不用出糧給他，表面上他的去留不會造成你的經營成本。就算他的生意很少，對你來説也是業績也是錢，那又何止自斷收入呢？

對於炒人這一套，我團建立初期也很反對，結果如前文所述，發展一直停滯不前。在 2011 年尾，我更為了晉升總監達到人數上的要求而沒有炒人；但之後二年，雖然每年也請廿多人，但年尾團隊人數竟不升反跌，由 40 人萎縮至 2013 年 6 月的 23 人。當時我十分失落，不知發生甚麼事，後來經前輩提點才知道是因為某些殭屍放毒所致。我覺悟後改變方針，團隊亦由弱轉強，到底中間經歷了甚麼？我現用以下對話告訴大家。

曾經有人問我：「如果有人半年內做到最低基準的留位費，然後半年沒有生意，這些人你請不請？」

我斬釘截鐵地答：「不請。」

他又問：「如果有人這個月爆數，然後休息幾個月，這些人接不接受？」

「不接受。」

那人再問：「如果有同事的成績一向不俗，但因為家人生病、過身或是失戀失婚等個人問題而休息一年半載，這些人又留不留？」

「多數不留。」

可能有人覺得我絕情或浪費人才，這位人兄亦然。他説觀察到其他經理大多會繼續聘用或挽留以上三類人，因為如果給他們足夠時間，成績有可能重上軌道。而且，站在銷售行業的角度，多一個人銷售產品便多一分業績，沒理由不給他們和自己一個機會。

我反問那位人兄：「你説的經理確實很好人，但他們的團隊整體生意及規模如何？」

那人尷尬地答：「全部一般般啦！」

我很明白那些經理，因為我十多年前剛開始帶團隊時也是這樣。當時我的宗旨是「甚麼人都請，從來不炒人」，就算有同事辭職，我都會極力挽留。

沒有捽死，只有 Hea 死

當中有一位同事，在我的團隊做了三年，成績一直平平，只做到留位費（每月約港幣 7,000 收入）。其實，這位同事也是我的好朋友，由於我不想給他壓力，所以一直容許他只做到留位費。他曾多次向我請辭，但都被我勸服留在團隊，直至最後一次，勸無可勸下才讓他離開。

這位同事離職後，雖然有不少人介紹工作給他，但他過去見識了不少有錢人的生活，慢慢萌生高不成、低不就的求職態度，結果要待業半年才找到工作。不但如此，由於他長期入不敷支，更欠下不少卡數。其實，這位朋友可能真的不適合做銷售，我勉強留他，耽誤了他的人生時，最可恨的是我容許他只達最低要求，結果令他變成一個不思進取的人。

窮顧問好容易變壞顧問

另有一次，我的上司在沒有知會我的情況下，炒了我團隊的一位萬年成績不合格的年輕人。當時我很憤怒，覺得上司不尊重我。後來先後有客戶、收數公司和警察來公司找這位年輕人，我才知他不但欠債，挪用客戶保費，還牽涉毒品案件。此時，我才恍然大悟，且嫌上司炒他炒得遲，如能及早處理，他可能不用走歪路。顯然，當初我本着義氣「幫朋友」的心態保他，結果反而間接害了他。

6.2 追求快樂 Vs 逃離痛苦

大家可能對我上節的經歷和心路歷程感同身受，也明白「嚴是愛，縱是害」的道理。雖然如此，但還是對不合格的同事狠心不了，那以下這個故事可能對你有幫助：

過河的故事

有兩個人想過河，但河水很急，又沒有橋。一開始他們都不敢過，除怕濕身外，還怕被河水沖走，有生命危險。

後來他們定睛一看，發現河的對岸竟有黃金。於是 A 就財迷心竅，鼓起勇氣，下水游過去了，但 B 還是怕死不敢過。

過了一陣子，B 身後突然出現一隻老虎，並流着口水，對他咆哮，嚇得 B 死去活來，B 別無選擇也跳入水中過河了！

故事就此結束，故事帶出的訊息是，人需要動力，有一種是追求快樂的動力，例如追求花紅、冠軍和升職等；另一種則是逃離痛苦的壓力，例如罰款、包尾、降職和被解僱等。

那一種對不合格的同事有用呢？很遺憾，逃離痛苦的效果會比較大。所謂不痛不動，獎多多也沒用。但試想當你逃離痛苦後，會得到甚麼呢？「不痛苦」，但這不等於快樂。

倘若人一直靠逃離痛苦作為動力，即使成功達標也總會麻木，下一年甚至需要更大更新的痛苦來逼迫自己，才能達到新目標。這樣下去，只會愈來愈痛苦，壓力愈來愈大，人生有甚麼意思呢？最慘還可能得情緒病，賠上健康和人生。相反，假如以追求快樂為目標，成功後就得到快樂！所以對於不合格的同事，我們可以用逃離痛苦作開始，但要找到他們所思所想，然後結合工作成果，最終令他們踏上追求快樂之路。

6.3 鯰魚效應

上節雖然談及很多痛苦，但其實痛苦也有很多好處。挪威人很愛吃活的沙丁魚，很多漁民卻發現經過長途船程後，很多捕獲的沙丁魚到達碼頭時已死。然而，有一位漁民的沙丁魚大部分仍是活的，而且很生猛，因而賣到好價錢。那位漁民的秘密，其實是一條鯰魚。

由於沙丁魚天性懶惰，當被困在魚槽時，牠們便不再游動，經過一段長時間便會奄奄一息。但當那位漁民放入沙丁魚的天敵鯰魚入魚槽後，鯰魚在沙丁魚羣中四處獵食，令沙丁魚不停躲避。雖然有些沙丁魚因而被獵殺，但沙丁魚整體存活率卻高了很多。這就是管理學上的「鯰魚效應」，其中一個意思是指引入外人，從而改變團隊的狀態。若然有一位能人加入，其他人自然感到地位受威脅，繼而激起鬥心，整體工作成效便會大大提高。除了外人，其實死線（最低標準）也可以是鯰魚，即如果有人表現低於死線，便會有懲罰或被革職，能收到殺一儆百的效果。

人有惰性，所謂生於憂患，死於安逸。為了提高整體的存活率，一條鯰魚（最低標準）是必要的。

菲林相有啟示

自從數碼相機和智能手機出現，每次拍團體照總要用不同手機拍 N 張照片，人數和拍照的數目成正比。這除了因為沒有成本外，最主要是大家希望第一時間收到照片。可是，由於拍攝時間太長，肯定有人拍照時不能集中精神，縱然拍的照片再多，但竟沒有一張看到所有人全神貫注。反而在菲林（膠卷）的年代，由於要成本和要一段時間才可以看到照片，所以大家反而更認真看待，就算只拍三數張照片，也總有一張滿意。這證明代價可以提高效率和令大家更在狀態，允許無止境的嘗試反而會有反效果。

潛意識會留力

我從前在外展訓練玩過一個活動，就是教練給我們一張貼紙，要我們靠牆站立，舉高一隻手，在不跳起的情況下盡自己全力把這張貼紙貼在最高處。完成後，教練會再給我們另一張貼紙，要我們重複剛才的指令。試問大家，第一次高還是第二次高呢？

大部分人都是第二次較高。這很奇怪，明明按教練指示，我們第一次已經盡全力了，那麼第一次應該最高，為甚麼偏偏是第二次更高呢？如果教練在一開始便告訴我們有第二次或第三次機會，我相信情況更明顯。這除引證熟能生巧外，還證明人的潛意識會留力。

6.4 切實執行底線

上幾節提及經理如果太重情，凡事遷就同事，便是將焦點放在人身上。但如果領袖看重制度，嚴守底線，獎罰分明，他便是將焦點放在團隊上。究竟領袖是要顧人還是顧團隊？其實兩者都要顧，取個平衡點，且要有底線。

此外，在各範疇訂立清晰的標準也是十分重要，因為只有標準化才可規範化，然後便是訊息化、系統化、自動化，最後做到規模化，這樣才可變大變強。而一切便靠訂立標準和設定底線，並説明做不到的代價，以及有多少次機會。

當年我帶領團隊去到一個困境時，得到一位高人指點，決定將公司底線落實執行，給予所有人每年有一次免死金牌。如果有第二次，就視乎情況而定；如那人對團隊有貢獻，或是今次失手屬情有可原，都可以放過他，絕對沒有第三次免死金牌。

最初同事半信半疑，不知我會否認真執法，但當有第一及第二條沙丁魚死亡後，便從此沒有第三位犧牲者出現，因為所有同事都會設法令自己活在底線之上。

事實上，有時狠心辭退不合適的人，無論對經理、團隊或那位被辭退的同事，都非壞事。對於要被辭退的同事，主因是他們無法令自己投入工作，收入長期處於低水平，以致生活上出現問題，其家人亦對他們有怨言，寧願他們另謀高就，有個新開始。

要走不留

事實上，經理辭退生產力低的員工，便可將更多時間和心思放在生產力高的員工，或是擴充團隊等工作，以帶領團隊更上一層樓。反而讓一些經常不達標的人留在團隊，其他人便會有樣學樣，結果會將整個團隊的表現拉低。而他們更會一而再，再而三，三而四地試你的底線，情況就如打籃球的運動員般，不斷在試裁判的吹罰底線；何況能夠振作的只佔少數，絕大多數都是一蹶不振。

畢竟做銷售講求自律，行銷人員不會捽死，只會 Hea 死。所以容許這些不達標的同事留在團隊，經理要負上很大責任，因為他不但幫不了這位同事，還害了整個團隊。

木桶理論

團隊方面，一個團隊的水平，不是看成績最好的一位可以做到甚麼成績，而是看最差一位做到甚麼成績。這是坊間所說的木桶理論。一個木桶由多塊木板圍着砌成，可以裝多少水，關鍵不是看最長一塊木板，而是看最短的一塊來決定。若然最短的一塊板也有相當長度，木桶載水量自然不會太少。

手軟之弊

其實，很多稍有規模的公司對用人都有要求和有底線，關鍵是管理人員會否落實執行。如此說，因為人的底線不會像公司的底線那麼分明。現實中，當有管理層執法時，以私情為先，對懂感恩的人來說，可能令他更賣命工作。但不懂感恩的人則會繼續挑戰你的底線，當忍無可忍要執法時，便會被說成是選擇性執法。

6.5 5A 評估法

英文有句話 "Result is the Final Judge"，但業績是否判定生死的唯一標準呢？若業績不是唯一標準，那甚麼才是呢？

就此，我用多年經驗開發了一套名為「5A 評估法」來決定一個人是否適合繼續留在團隊。

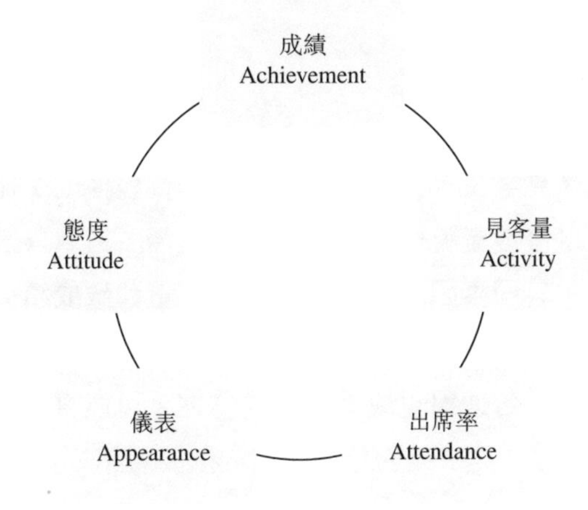

Achievement / 成績

第一個 A 是 Achievement，就是看一個同事有多少生意、簽了多少單、有多少佣金等。眾所周知，我們這行的收入全看保單大小，而非多少來決定。而 MDRT 也是用保費、佣金或收入其中一項來入會，那為甚麼要看重多少單呢？

其實道理很簡單，你想想很多網球手爭奪世界排名，靠的是贏出一些計分賽，但為甚麼他們仍參加一些不計分的比賽呢？除了為獎金外，其中一個原因是保持狀態。很多世界第一的網球手傷後復出參賽，為甚麼大多會輸？明明他們已完全康復，明明他們是世界第一，技術無人能及，就是因為不在狀態。

若一位同事久未簽單，很自然忘記多記得少，大客在前也會缺乏信心，本應可簽的單也會失手，所以足夠的單數是用來維持個人狀態。就算你的單很大，我也鼓勵同事每月最少有兩至四張單。若然同事生意很少，甚至沒有生意，此時便要看第二個 A。

Activity / 見客量

若同事見客量足夠但沒有生意，即代表他的工作方法出問題，可以慢慢督導他找出原因，解決後，簽單只是遲早的事。然而，若同事因為沒有足夠的工作量導致成績欠妥，那更簡單，一勤天下無難事，三勤乃成功之本，逼一逼，總逼出一點成績。若連逼也改不了他的惰性，可能真的是江山易改，本性難移；至於是否給予機會，則要看第三個 A。

Attendance / 出席率

有人話上班是否準時，視乎辦公室與家的距離而定，但在我看來完全是心態問題。同事能否約到客、簽到單，很多時要講天時地利人和，成功與否難以完全掌握。但準時上班是完全可以掌握之事，住得遠，天氣差，大家可以提早出門，遲到很多時只是藉口。如果一個人經常上班遲到或無故缺席，很明顯欠責任感，另一個可能性是他已無心戀戰。

Appearance / 儀表

保險是一門對人的行業，儀容十分重要，所謂人靠衣裝，佛靠金裝。你重視客戶，重視成交，自然會把自己裝扮得好一點，醒神一點，專業一點。若然同事整天蓬頭垢面，或是一身 T 恤短褲波鞋等優閒裝束上班，那只有四個可能性，第一是沒有意識，第二是不重視自己，第三是不重視客戶，第四是根本沒有客見，任何一個也要不得。最慘是每次望着鏡也被鏡中的自己否定了自己一次，陷入惡性循環中。

Attitude / 態度

最後是態度，若然同事經常不積極參與公司活動；開會時垂頭玩電話甚至睡覺；你和他説話時，他的眼神總是閃閃縮縮；平時和同事交流又經常説一些負面的説話影響同事，思想行為消極等，全都是態度問題。

若然是 5A 並齊的人，我會二話不説辭退他。但老實説，這樣的人並不多見，很多都是出現 1A 或 2A。若然真是有同事符合 3A 或以上，經理便要多加注意，想辦法幫他們刪去這幾條 A；若然經過一段時間後，他們仍然無改善，便要認真想想是否需要解除合作關係。

學習筆記

1. 慈不掌兵。
2. 沒有捽死，只有 Hea 死。
3. 窮顧問好容易變壞顧問。
4. 當斷不斷，必受其亂。
5. 嚴是愛，縱是害。
6. 為了提高整體的存活率，鯰魚（最低標準）是必要的。
7. 我容許他只達到最低要求，結果令他變成一個不思進取的人。
8. 允許無止境的嘗試會適得其反，人的潛意識會留力。
9. 切實執行底線。
10. 木桶理論：一個團隊的水平是看最差一位做到甚麼成績。
11. 只有標準化才可規範化，然後便是信息化，系統化，自動化，最後做到規模化。
12. 5A 評估：

    Achievement / 成績

    Activity / 見客量

    Attendance / 出席率

    Appearance / 儀表

    Attitude / 態度

Terry 見解

要建立一個怎樣的團隊就要制訂一套怎樣的標準，這標準是貫通選人、培訓、督導及留人等每一個環節，無論所定的標準是怎樣，都要貫徹始終，落實執行，否則形同虛設，會影響自己的公信力。制訂標準後，就要致力讓每位新人都在標準之上，而不是任由成員自由發揮，不合要求就被辭退。

「*沒有標準，就沒有改善。*」

新郎重夫 Shigeo Shingo
工程師和生產管理專家

反思題

1. 你的團隊有甚麼標準？
2. 有多少成員知道有這些標準？
3. 你會在甚麼時候讓成員認識這些標準？
4. 你會如何確保成員能達到這些標準？
5. 現時有那些人未能達到這些標準？
6. 當成員未能達到這些標準時，你會怎樣處理？
7. 在甚麼情況下，未能達到標準的成員，能夠仍然留在團隊內？為何？
8. 你會如何處理那些已有一段長時間未能達標的成員？

第 7 章

培訓

7.1 良好的工作習慣

團隊招募到新人後，在他們正式見客、簽單前，除公司的培訓課程外，自己或團隊也必須提供入職培訓。由基本的產品和保險理財知識，到如何向客戶開口介紹保險、成功簽單、處理異議等等，都要有一套完善的培訓系統。

其實，任何行業，任何工種，也是培訓 KASH 這四方面，只是因行業和工種不同而內容有異，我們稱之為 KASH 方程式：

很多新人覺得從事保險銷售，知識和技巧最為重要，但有經驗的同事會告訴大家，態度和習慣更為重要。

曾在網上看到一個相當有趣的片段，就是以前秘書用打字機打文件，當打完一行字後，便要推紙盤。這個動作不斷重複又重複，久而久之成為習慣。

有一天，老闆將秘書的打字機換成電腦，可是秘書打字時未能適應，打完字後順手做了推紙盤的動作，結果將整個電腦屏幕推了落地。這雖然是一個笑話，但也告訴大家，習慣要改不易。人人有習慣，沒有良好的工作習慣，便有不良的工作習慣。

對一個剛入行的新人來說，新人事，新環境，最容易接受新事物，此時應該培養他們良好的工作習慣，就是要求同事準時上班學習各種知識和銷售技巧，一來培養他們守時、有責任感，二來同事見面多了，會令大家更加團結和士氣大增，這些都是網上學習做不到的效果。

當然，要同事每天上班，他們不能光坐沒事幹，白白浪費時間。因為如果只是返公司打卡，相信即使要罰錢也會有人在所不計。因此，團隊必需安排一些實用、有價值的課堂或小組會議給他們作為持續進修之用。

<table>
<tr><th>時間</th><th>週一</th><th>週二</th><th>週三</th><th>週四</th></tr>
<tr><td>0915 — 0930</td><td rowspan="6">週會</td><td rowspan="2">早會</td><td rowspan="2">早會</td><td rowspan="2">早會</td></tr>
<tr><td>0931 — 0945</td></tr>
<tr><td>0946 — 1000</td><td rowspan="4">小組會</td><td rowspan="4">銷售演練</td><td rowspan="4">銷售演練</td></tr>
<tr><td>1001 — 1015</td></tr>
<tr><td>1016 — 1030</td></tr>
<tr><td>1031 — 1045</td></tr>
</table>

◆ UTOPIA 核心成員早會時間表

以我們的團隊為例，我們早會會邀請同事或嘉賓分享不同主題，例如：

- 如何做線上營銷
- 新加坡家族辦公室與香港保險
- 如何發展內地抵港客戶市場並成為 COT
- 如何為內地抵港客戶安排兩日一夜的行程

- 如何把握財政預算案的政策創造商機
- 了解共同匯報標準（CRS）對我們的商機
- 解讀公司年報

一個完整的培訓系統，除持續進修外，還包括：

- 新人入職培訓
- 新人深化課程
- 督導
- 招募及領袖培育

這些會在往後的章節逐一提到。

7.2 新人入職培訓

有了培訓框架後，亦要有培訓方法。新人入職培訓其中一個挑戰，就是時刻都有新人入行，以我的團隊為例，每隔兩三天便有新人入職。若每個新人也是由經理從零開始手把手教，不累死也打亂了經理平日的工作。若大團隊有中央入職培訓還好，但永不能等齊人才開船。於是，一些經理安排新人中途插班，這很容易造成他們一知半解，消化不良；另一些經理則選擇讓新人等下班車，這也耽誤了他們的熱情和時間。

另外，不同人的學習速度也不一樣，有些學得較快，有些學得較慢，培訓上不可能等所有人完全明白或掌握技巧後，才教新的技巧和知識，這會耽誤學習較快的同事。所以，很多導師教完預設的內容後，等同事有問題便問，沒有的話便放學。

為解決以上問題，我在 2016 年初，想到一個方法，便是把培訓數碼化，將所有培訓內容拍成短片，附上講義，一併上載到雲端系統，只要有手機便可上網觀看。

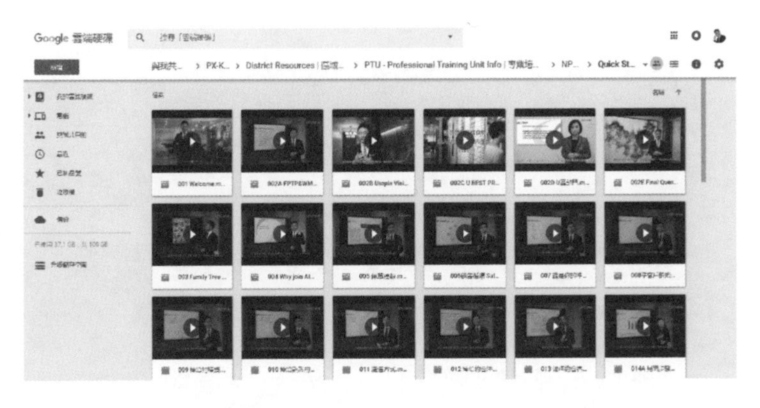

◆ UTOPIA 新人入職培訓課程

我們會給新人指引，指示他們看短片的先後次序，然後讓他們自習，一次看不懂便看兩次，甚至多次。完成後，其經理只需負責問書考核他們，若然他們未通過考核，經理便指導當中的誤區盲點，甚至要求他們重看相關短片，直至完全掌握相關知識和技巧後，才可看下一批短片。我們要求新人要完成整個課程後，才容許實戰見客，這對客戶和新人也是好事。

這套方法的好處除保留了經理與新人的親子時間外，也保證了團隊所有新人也得到高質素的培訓。而新人們也可根據自身的情況來釐定學習進度，時間方面也十分彈性。

7.3 傳統培訓的問題

記得在 2000 年時，香港政府推行「強制性公積金計劃」。我當時覺得這個市場大有可為，因為每位僱員都要供款，成功簽單的機會應相當高。但後來發現，做強積金要成功，需有很多公司人事部或企業老闆的客戶，而我完全沒有這方面的人脈，但我堅信路是人行出來的，於是我買了多本電話簿，請了兩位大學生做暑期工，要他們每日打冷推銷(Cold call) 電話。當然，我事先設計推銷的談話內容，教他們如何應對及處理異議。

我要求暑期工每日打 250 個電話，並成功約到 5 個客。藉此，我在沒有人脈下，強積金那範疇也可做到全公司第六名的成績。由此可見，只要肯試，沒有事是做不到。

當我升為經理之後，我發現同事的生意一般。由於打電話 Cold Call 的方法曾為我帶來點點成功，所以我便故技重施。在我的六位同事中，我選了三位經驗較豐富、心態較好的負責 Cold Call。他們大約每日見 5 個客，一個月見了大約 100 個客，三個月便見了約 300 個客，但結果竟是一張單也簽不到，就連打電話的同事也有微言，說白白浪費他們的時間。

我思前想後，那三位同事不是新人，有一定的銷售經驗，為何我用這方法成功，而他們不成功？我尋根究底，發現是培訓系統出了問題。

傳統的保險培訓是由一班導師教，一班同事聽。當中會有角色扮演或模擬演練，即是由一位同事扮演客戶，另一位扮演代理，演繹一個工作情景，其他沒有參與演練的同事就做觀眾，看完後說出個人感受，最後由導師評價參與演練的同事。

這種方法其實有弊端。第一，模擬演練需時頗長，一個早會只能讓一兩對同事參與，大部分人只能做觀眾。雖然觀眾也可從中學習，但始終不及參與演練的同事般很快掌握技巧。若然觀眾在同事演練期間「遊魂」，便等於沒有學習，白白浪費時間。

第二，每個人學習速度有異，有些同事較快上手，有些則較慢，需要更多時間學習。但傳統培訓模式是導師單向傳授技巧時，十位同事當中可能只得四位明白，其餘六位只是一知半解，未掌握箇中竅門。但下一次培訓別的主題時，那六位便一直停留在不懂、不熟練的階段，無法提升。

第三，當觀眾和導師在所有同事前公開評論參與演練的同事，難免有一些心靈較脆弱的同事陷入自信危機，或會影響他們見客的信心。

為解決以上問題，我們改革舊有的新人深化課程，引入考核制度及「迴轉壽司」式的演練方法。

7.4 新人深化課程

新人深化課程的目的是希望幫助新人完全掌握每個工作細節，打好根基，有利持續發展。我們把日常工作，例如：自我介紹、介紹公司、介紹團隊、如何了解對方的財政狀況、遇到異議時如何處理、有人要求回佣要如何回應等等，分成 66 個培訓小項目，每個項目大約為時 1 至 5 分鐘（見以下圖表）。然後每月把所有未畢業深化課程的同事分組，每組大約 6-8 人，視乎當時新人數目而定。然後邀請團隊內某些多單及經驗豐富的 MDRT 、COT 和 TOT 成員，成為課程導師考核他們。

一開始大家也是在項目 1，導師認為誰做得好便可升班至下一個項目。若學員做得不好，導師和同組同事會給予建議，並要求學員下次再試項目 1。如此類推，逐一升班，直至完成 66 個項目才正式畢業。

2023/05 Utopia Drilling Class A
Tutor A

No.	項目	Min	Tommy	Tony	Toby	Terence
1	一分鐘自我介紹 + 見面熱身	3	✓	✓	✓	✓
2	電話約朋友（不道明來意）	1	✓	✓	✓	✓
3	電話約朋友（道明來意）	2	✓	✓	✓	✓
4	Call Referral	2	✓	✓	✓	✓
5	為何來港購買保險	2		✓	O	✓

No.	項目	Min	Tommy	Tony	Toby	Terence
6	推銷公司	2	✓	✓	✓	✓
7	推銷團隊	2	✓	✓	✓	✓
8	推銷自己	2	✓	✓	✓	✓
9	Fact-Find 家庭狀況	3	✓	O	✓	✓
10	Fact-Find 財政狀況	2	✓		✓	✓
11	Fact-Find 理財目標	2	✓		✓	✓
12	Fact-Find 理財狀況	3	✓		✓	✓
13	索取及確認預算	2	✓		✓	✓
14	問健康問卷	2	✓			✓
15	概念 — 儲蓄	2	✓		✓	✓
16	產品 — 盈 X 多元	4	✓		✓	✓
17	產品 — 愛 X 憂	2	✓		✓	✓
18	Sell MPF	3				
19	概念 — 人壽保障	2	✓		✓	✓
20	產品 — 樂 X 人生	2	✓		✓	✓
21	概念 — 危疾保障	2	✓		✓	✓
22	產品 — 愛 X 航	2	✓		✓	✓
23	產品 — 多重危疾賠償	5	✓			✓

No.	項目	Min	Tommy	Tony	Toby	Terence
24	Sell 定期壽險等消費型新產品及轉 conversion 的概念	2				
25	概念 — 住院醫療	2	✓			✓
26	產品 — 自願醫保	3	✓			✓
27	住院不保事項，生效期	1	✓			✓
28	產品 — 愛 X 憂 + 住院	3	✓			✓
29	預告健康問題核保可能結果	2	✓			✓
30	通知核保 Counter offer	2	✓			✓
31	概念 — 退休保障	4	✓			✓
32	概念 — 教育基金	2	✓			✓
33	概念 — 意外保障	2	✓			✓
34	產品 — SXP	2	✓			✓
35	產品 — 整付派息基金	3	✓			✓

No.	項目	Min	Tommy	Tony	Toby	Terence
36	產品 — 投連人壽	3	✓			
37	概念 — 保費融資	3	✓			
38	產品 — SXE5	3	✓			
39	產品 — WXR	3	✓			
40	處理異議 — 加息風險	3	✓			
41	處理異議 — 不想借錢	3	✓			
42	成交 — M 激勵故事 + D 無保險的危險	4	✓			✓
43	成交 — I 代替決定 + L 小決定問題	2	✓			✓
44	成交 — B 利益	2	✓			✓
45	成交步驟 1：內地人來港購買流程	2	✓			
46	索取推介	1	✓		✓	✓
47	索取緊急聯絡人	2	✓			✓
48	聯繫緊急聯絡人	2	✓			✓

No.	項目	Min	Tommy	Tony	Toby	Terence
49	處理異議 — 你剛剛做，我冇信心？	2	✓			✓
50	處理異議 — 我冇錢？	2	✓			✓
51	處理異議 — 我同家人商量下？	2	✓			✓
52	處理異議 — 我有顧問跟 / 我買左啦！	2	✓			✓
53	處理異議 — 我唔信保險？	2	✓			✓
54	處理異議 — 我喜歡自己投資！	2	✓			✓
55	處理異議 — 遲 D 先？	2	✓			✓
56	處理異議 — 美元貶值喎！/ 人民幣升值喎！+ 人民幣貶值現在買美金儲蓄是否不划算	4	O			
57	處理異議 — 客戶要求回佣	2				

No.	項目	Min	Tommy	Tony	Toby	Terence
58	處理異議 — 五年都好長喎！	2				✓
59	處理異議 — A 記和 X 記有甚麼區別	2				
60	處理異議 — 有外匯管制，理賠金會不會匯不回境內	2				
61	處理異議 — 來香港買保險好麻煩啊？	2				
62	招募八步成招	3				
63	合資格延期年金計劃	3				O
64	TVC 可扣稅自願性供款	3				
65	MP 簽單流程	3				
66	MP 售後服務	3				

UTOPIA 新人深化課程

為甚麼一定要請有成績的人做導師？試想，你現在培訓的新人，目標是做 MDRT 或以上的精英，若然導師連 MDRT 的資格也沒有，又如何教出一個比自己強的人？新人對導師又會否有信心呢？

另外，新人完成整套銷售培訓最少逾一年，這也間接培養他們上班習慣，對融入團隊及獲得持續成功有很大幫助。但他們在培訓期間，已開始見客，難免會遇到一些未學習過的情況，例如有客想「遲 D 先？」，那如何是好？所以我們也預先把這 66 個項目拍成影片，並上載至雲端。他們只需自行找相關片段，學習應對，若然應付不了，再請教經理。

◆ UTOPIA 新人深化課程

其實，除了培訓新人外，也要培訓舊人成為領袖，例如教他們建立團隊、管理團隊，都可利用這套方法。

此外，同事升職後，需要聘請秘書處理事務，但他們沒有時間或不知如何培訓秘書，也可利用 e-Learning 的方法，培訓一個得力的秘書，以提升工作效率。

◆ UTOPIA 秘書培訓課程

由於有些行家對我們的課程和影片深感興趣，所以過去曾揭發臥底扮新人或秘書入職竊取我們的資料，於是我們現在已不用雲端這些可隨意下載的平台，改用 app 來管理及營運。

7.5 迴轉壽司

為解決 7.3 章提到其中的兩個問題：一、一個早會只能讓少數同事參與，大部分人只能做觀眾及遊魂；二、心靈脆弱的同事被評論而影響信心。我引入一套名為「迴轉壽司」的演練方法。

我會在 7.4 章那 66 個項目中抽出一些關於概念銷售、產品銷售及處理異議的項目來進行迴轉壽司，例如：「我同家人商量下？」。導師會把所有同事分成兩排，一排扮演客戶，一排扮演代理，然後在指定時間內，就以上項目與對面的同事做模擬演練。

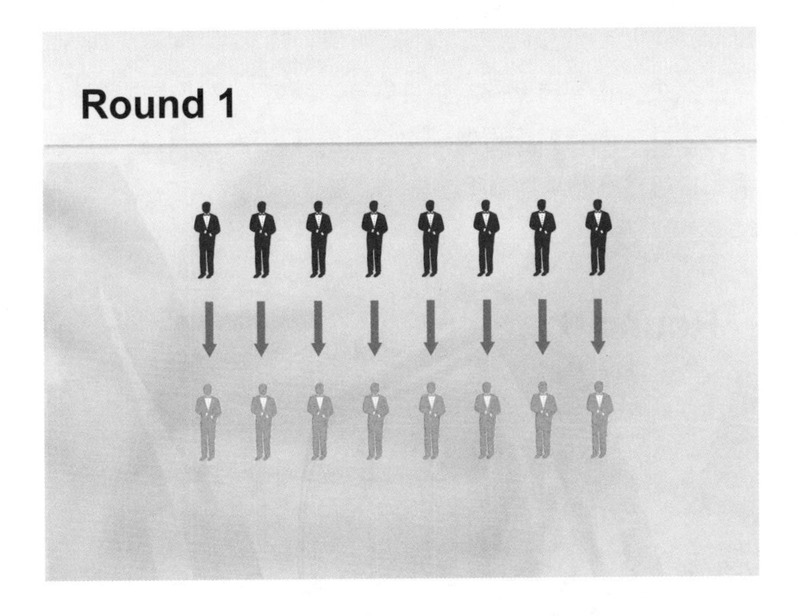

時間一到，所有同事順時針方向移位，面向另一位同事，而排在最末端的同事，則會移過對面一排，由客戶變為代理，或由代理變為客戶，如此大家便會有新的演練對手。

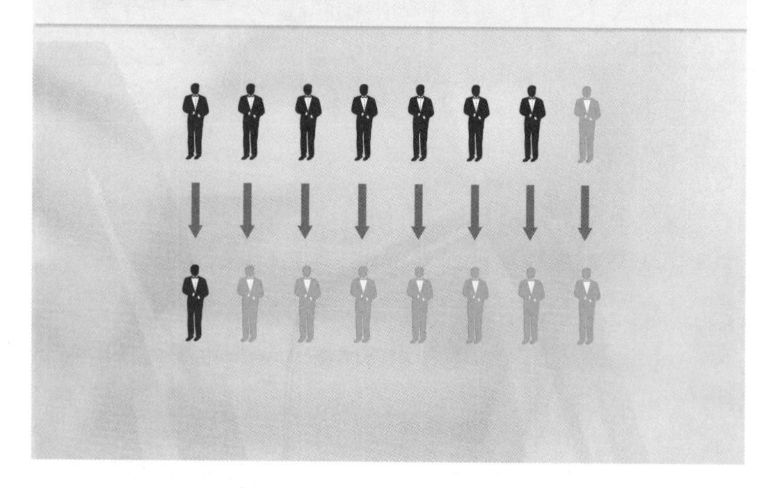

然後，大家再就同一項目做一次練習，完成後再順時針方向移位，向新對手再做一次相同演練，整個流程就如迴轉壽司帶般，不停轉換對手。

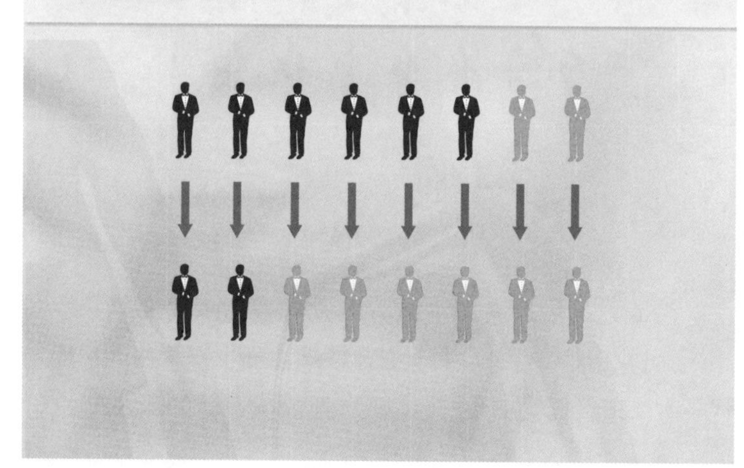

如此類推，直至兩排人的位置完全互換為止。

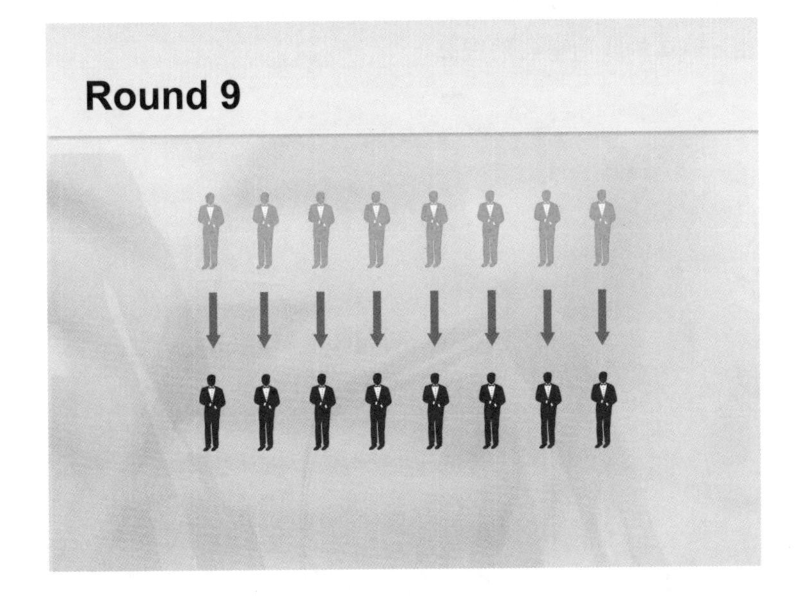

這方法的好處是：第一，每位同事都可參與演練，不會出現觀眾「遊魂」的情況。第二，當大家不斷熟習一個情景，工多自然藝熟，到後來大家便可以很自然、很流暢地說出自己想說的話。第三，這個培訓過程中，同事毋需給予對方意見或批評，可以保護一些弱小心靈。

可能有人覺得，如果沒有人評價表現，大家不知自己錯在那裏，豈會有進步？但其實很多人的自我學習能力很強，當大家看過不同同事的演練，而且大家又做過客，又做過代理，總會分得出誰人表現較出色，亦會意識到自己那方面表現較差，繼而自我修正及改進，這總比被人當眾指出錯處的感覺要好。

若然大家在「迴轉壽司」培訓中，將不同情景的對答練成習慣，那麼大家無論對着甚麼人，都可以很自然地應對，而客戶亦會覺得你專業可靠。當客戶作出任何異議時，你也可從容自若地處理。那麼，對方便沒有不跟你買保險的理由，簽單的成功率自然提高。

學習筆記

1. 一個完整的保險培訓系統應包括：新人入職培訓、新人深化課程、持續進修、督導、招募及領袖培育。
2. 從事保險銷售，知識和技巧都重要，但態度和習慣更重要。
3. 人人有習慣，沒有成功的工作習慣，便有不成功的工作習慣。
4. 細分的考核制度，有助同事掌握每個細節。
5. 跟成功的人學習學會成功，跟失敗的人學習便學失敗。
6. 培訓課程數碼化可保證質量，解放經理時間及幫助新手經理教同事。
7. 引入迴轉壽司演練方式，可保護弱小心靈和增加學員的參與度。

Terry 見解

一般團隊，只要願意花足夠時間，按着銷售流程每個環節的需要，再總結相關實戰經驗，要制訂一套讓新人能按部就班掌握所需的銷售技巧的培訓系統，並非一件難事。若要團隊發展得更穩健，經理就要加強管理技巧及領導技巧，例如：時間管理、客戶數據管理、目標管理、項目管理、督導技巧、激勵技巧、演説技巧、會議技巧、輔導技巧等等。

要得到這些技巧及知識，不可單靠公司供應，亦要主動外求，可參加公開班或聘用相關培訓顧問。無論是那一種方式，總要學以致用，因應實際情境而實踐。例如：所有經理一同學習兩天的「高效七習慣」，完成學習後，讓所學到的七習慣，在團隊中推行到每一個層面，從而創造共同語言，為團隊培養良好文化。

「培訓可以讓你快速成長，而文化可以讓你持續成長」

約翰・C・馬克斯威爾 John C. Maxwell
《成功的法則》一書的作者

反思題

1. 以 1 至 10 分表達，你對現時團隊的培訓安排有多滿意？為何？
2. 你認為目前的培訓，那方面需要加強或調整？
3. 除了目前的培訓外，團隊應加入那方面的培訓？
4. 如何可確保負責培訓的經理的培訓質素？
5. 你有甚麼方法確保同事學會所學的內容？
6. 要帶領團隊進步，除了培訓之外，你認為還有甚麼可以做？

第8章

目標

8.1 要進步先有目標

周星馳電影的其中一句經典對白：「做人沒有夢想，和一條鹹魚有何分別？」某程度上，夢想就是大家追求的目標。一個人如果失去目標，生活便會得過且過，回頭看會發現自己在浪費時間。站在一間公司或一個團隊的立場而言，只有訂下目標，員工和團隊成員才有動力工作，業績才有增長。否則，大家只會返工等放工，抱着不做不錯的心態，業績亦會停滯不前。

所以，一個團隊在積極培訓人才時，還要為每一個人尋找他們的目標。然而，訂立目標是一門高深學問，如果訂得不好，隨時會影響團隊士氣。

訂下令自己興奮的目標

記得有一次，我和一個行家吃飯，他投訴其公司只着力標榜 MDRT 這一榮譽，如能成為 MDRT 會有很多福利，否則便不被重視。他認為由零至 MDRT 是一個大台階，並非人人腳長就可以一步登天，故應在中間增設幾個台階，並設一些獎賞，鼓勵一些實力較一般的同事，讓他們先取得小成功後，增強信心做下去，一步步繼續「升呢」，最終做到 MDRT、COT、甚至 TOT。

站在保險公司的立場，由於涉及資源分配和品牌定位的考慮，加上可能其公司相信員工有無限潛能，有能者自然寄予厚望，所以訂立較高目標也合乎情理。但我也很明白這位行家的想法，因為確實有些人是需要慢慢成長，一下子目標訂得太高，就會讓他們覺得這個目標根本無可能達到，令他們失去工作動力。這情況還未算壞，最差的情況是因壓力過大而衍生情緒問題。

然而，目標訂得太低，例如一間公司的目標營業額是 100 萬元，下個月的目標是 101 萬元，那麼，公司的進步速度便會很慢，員工因本着出多少少力便可達標而未能感受箇中的喜悅，如此便會失去訂立目標的作用。那麼我們應該如何訂立目標？

我經常鼓勵同事訂立一個令自己興奮的目標，即是你做到之後，會開心、高興，做不到又不會太失落。然而，有很多人的目標是做到不會開心，做不到便會失落，這樣訂立目標就完全沒有好處。

目標影響策略

另外，目標的高低會影響你的工作習慣和策略。如果你的目標是提升 10% 營業額，其實大可繼續按照你目前的工作模式，且比現時再勤力一點，工作時間長一點便能達標。但是，如果你的目標是要提升 30% 營業額，單靠努力未必行得通，有需要檢視整個工作流程，看看有甚麼地方可以改進，以提升效率和質量。如果你的目標是要提升 50%，甚至 100% 營業額，更有可能需要摒棄目前的工作模式，改用突破性思維去發掘新試點。

我從事保險理財行業多年，見過不少人的工作模式，有些愛訂立進取的目標，當然亦有很多會訂立保守的目標，想達到一個目標後再逐步提高目標。但我發現，後者大部分於多年後也是表現一般，無法提高目標。

箇中原因，是那些人在達成保守目標的過程中，形成了保守思想和工作的習慣，要改變並不容易，很難突破既有的框框。除非他們突然遇到一些衝擊，打破既有的思維，繼而立心改變工作模式。否則，他們難有大進步，久而久之便會老化和失去對工作的熱情。除此之外，保險行業不像健身，先做十次仰臥起坐，待適應習慣後再加至二十次。當新人們一旦形成維持合約的工作習慣，便很難改變，提升至 MDRT 的工作習慣。所以，某程度上，保險公司只吹捧 MDRT 確有其智慧。

8.2 目標要 SMART

要成功，必需要有周詳的計劃，目標便是整個計劃的靈魂。之前我鼓勵大家訂立一個令自己興奮的目標，但這還不夠，目標還要夠「SMART」。SMART 五個英文字各代表一個法則。

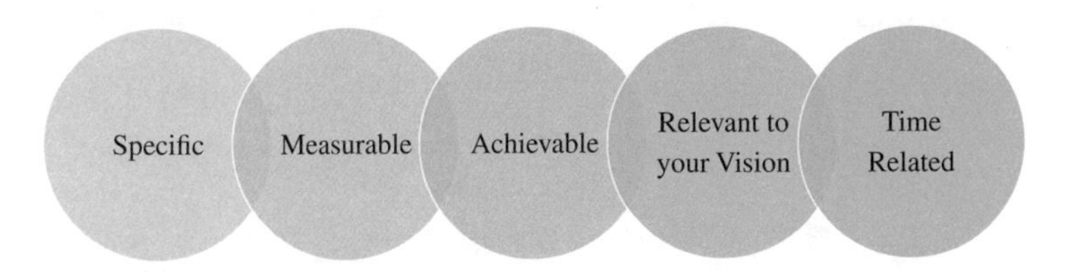

S=Specific

Specific，即是要有明確、具體的目標。有很多人訂立的目標並不具體。例如，有人說：「我想變靚，我想成功。」究竟你想變靚，是那些方面要變？是衣著？妝容？還是身形？成功又指那方面？是事業？家庭？愛情？如果所指的是事業要成功，那是個人的成功？還是團隊的成功。很多時，大家的目標都不清晰、不具體，以致失去焦點。常言道：「清晰就是力量！」

M=Measurable

Measurable，意思是可量化。例如，有人說：「我要發達。」有多少錢才算發達？要有 1,000 萬元資產？還是要超過 10 億元？月入需要過 100 萬元？還是月入 10 萬元已符合閣下的發達指標？

再舉例，很多人現在的目標是置業，那麼要買甚麼單位？要多少呎？樓價多少？是私人屋苑還是居屋？要知道，目標買 300 呎的居屋和買 800 呎的私樓，要做的準備不一樣，所以目標最好可量化！

A=Achievable

Achievable，爭取高而可達的目標。確實如果一下子目標訂得太高，就會讓那些需要慢慢成長的人覺得無可能達標，因而失去工作動力和方向，令目標的存在意義蕩然無存。

然而，目標訂得太低，例如提高 1% 營業額，如此公司的進步速度會很慢，而員工只較平時多出少少力便可達標，故沒有達標喜悅，這樣便會失去訂立目標的作用，所以高而可達的目標很重要。

R=Relevant to your Vision

這個 R 原先指 Realistic，即是要現實、實際，別離題萬丈，意思與 Achievable 有少許相近，所以我改為 Relevant to your Vision，訂立的目標與你的願景一致。

人性本貪，很多時想同一時間完成很多不同的事，但世事豈能盡如人意。由於人的時間和精力有限，未必能於一時間完成所有要做的事。而且，有些事可能和個人願景無關，甚至乎背道而馳。所以，有時需要作出取捨，剔除那些影響你實現願景的事，只做一些有助你達成願景的事。

T=Time Related

目標要設期限，不設期限的目標是沒有意思的。舉例說，一個股市分析員說：「恒生指數目標升 10000 點」，這個股評家實力有限，因為歷史告訴大家，股市長遠必然會升，問題要多久，一年升 10000 點跟 10 年升 10000 點，整個投資氣氛是截然不同的。真正有實力的分析員，是可以很準確地告訴你，恒指一年之內會升多少點，某個月份會到達幾多點。

同樣，訂立目標要設定期限。例如，個人營業額要在今年年底達 100 萬元，如此大家才會有拼勁追數；如果單單訂立營業額的目標為 100 萬元，但不設期限，明日復明日，效率便大大降低，不但拖累公司業績，團隊士氣亦大受影響。畢竟，人有惰性，"Deadline is the ultimate inspiration." 這句話確有真理。

總括而言，只要大家善用「SMART」五大原則，找到一個適合自己、適合團隊的目標其實不難。

8.3 訂立目標講求狀態

除了要訂立一個叫人興奮和 SMART 的目標外，還有沒有其他心得呢？有，那就是考究訂立目標時的狀態。

在保險界，大部分團隊於年初都會舉辦名為 Kickoff Seminar 的激勵大會，當中必備「認數」環節，即訂立全年業績目標。一般來說，上年做得好的同業固然雄心壯志，對未來充滿信心；去年做得差的同業，由於痛定思痛想東山再起，兼之有一整年去追數，故也會將目標訂得很高。然而，到半年結時，有九成人因種種原因令進度落後很多，因而要調低目標。到年尾時，狀態一般的同業對未來不抱希望，便決定放棄追求達標，打算明年再戰。所以，這些年初大會又名為「謊話」大會。

以終為始

由此可見，以現狀去訂立一個目標，容易受即時的狀態和情緒左右。而以這方法所訂立的短期目標串連出來的長期目標，也可能和初衷相去甚遠，所以這並非成功之道。反而大家應以終為始，善用 SMART GOAL 的 Relevant to Vision 和 Time Related 兩點，先訂立一個長達幾年、甚至幾十年的目標，然後從終點逆向到起點，訂立一些小目標做 Check Point，定時檢討進度，因時制宜，堅守目標。

先長後短

訂立目標先長後短的好處是，當你短期遭遇挫折，想推遲目標，但一想到牽一髮動全身，要把幾年的計劃全改這麼麻煩時，你便會咬緊牙關堅持完成原定計劃。

舉例，玩過毅行者的人都知道，這是一個超級艱辛的賽事，要在 48 小時內行完 100 公里的山路，體力、意志、團隊默契都不可缺少。如果參賽者不知道要行 100 公里，只上心行首 10 公里，全速前進，當行完 10 公里後，便會猶豫應否繼續行下去，而一有這種心態的話，大多不可能完成賽事，因為當時已勞累不堪，不想行餘下的 90 公里。

至於富經驗的參賽者，必定會先訂立完成 100 公里的總時間和周詳計劃，例如賽事有 10 個 Check Points，便要自己在時限內抵達一個 Check Point，且不能於開始過度消耗體力，以致尾段乏力追落後，並思考在那個 Check Point 安排支援、了解背包可以負重多少等。比賽過程中，他們當然也會有掙扎，尤其是在第二個晚上，睡魔來襲兼體力下降，都會容易令人想放棄，但他們都是看着最終目標 100 公里進發，腦海只想着「還有 30 公里、20 公里、10 公里便完成」，一步一步捱過去，最後完成目標。要知他們在最難捱的時候，看到的是終點，而非由當時狀態去決定是否繼續參賽。

目標不變方法變

因此，大家在工作上想成功，也該嘗試抱着參與毅行者的心態，當訂下長線目標後，便不要因為中途失手而調低目標，反而應該目標不變方法變，讓自己順利達標，今個月做不到，下個月追，如此才會水到渠成。

8.4 S 曲線

分享過訂立目標的心得後，那應該何時訂立目標呢？

我由 2001 年底開始擢升為經理，多年來經歷過沙士、金融海嘯、歐債危機等挑戰，很感恩我的團隊都能一一應付，迎難而上，就算近年中央收緊外匯管制，團隊的生意額仍高速增長。有朋友好奇地問：「Wave，你的團隊成績年年增長，有甚麼秘訣？」「其中一個秘訣是 S 曲線。」

S 曲線是由英國管理學大師 Charles Handy 提出的。所謂 S 曲線，其中一個演繹，就是分以下六個階段：

1. 開始期
2. 發展期
3. 增長期
4. 減速期
5. 飽和期
6. 衰退期

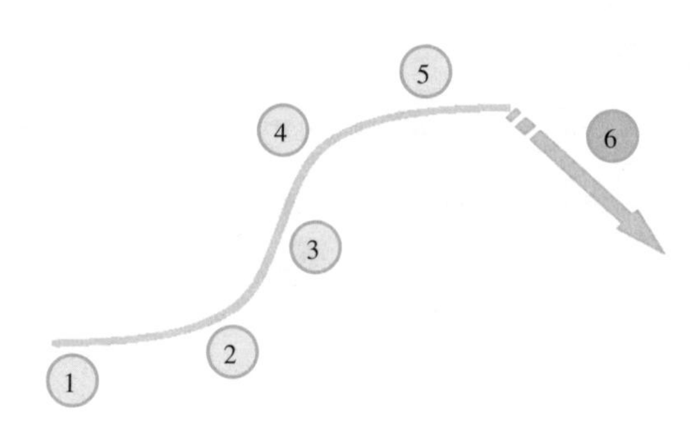

一條 S 曲線就是一個周期，以 Plasma 等離子電視機為

例，剛推出時，因為未有太多人認識等離子電視機，產品未能普及，再加上龐大的宣傳和科研等成本，其開始期及發展期都處於相對低的位置，亦即銷量增長較慢。但隨着愈來愈多人認識等離子電視機，各大廠商都推出價錢較相宜的型號後，銷量出現爆炸性增長，這就是增長期。惟當人人擁有等離子電視機後，增長情況不再，進入飽和期，以致後來的LCD 液晶顯示和 LED 發光二極體技術出現後，便取代等離子電視機的地位，等離子電視機市場則步入衰退期。

絕大部分東西也有周期性發展，所以 S 曲線不單應用在商品上，亦廣泛地應用在經濟學、社會學、統計學等範疇。此外，個人、團隊、企業、政府等等，都有 S 曲線的發展趨勢。

事實上，很多從事銷售行業的人，推出一款產品後，便會瞄準市場，專心發展該產品。他們經歷 S 曲線的 1、2、3 階段時，都會信心滿滿，也許認為市場可長做長有，情況就如認為現在的樓價只升不跌，就算到達 4 的減速期和 5 的飽和期仍未醒覺，直至去到 6 的衰退階段，他們才驚覺市場已變，急忙打造新產品或開發另一個市場（發展另一條 S 曲線）。然而，遠水不能救近火，公司的發展始終出現斷崖式衰退。

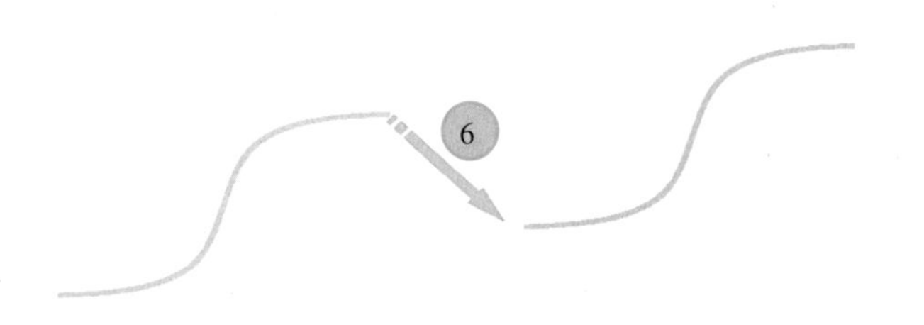

圖中兩條新舊 S 曲線明顯斷開。

回應文首，為何我團隊的生意有升無跌？答案是四個字：「居安思危」。

雖然目標進度有別於產品周期，但要實現目標必定要有周詳的計劃和策略，也有 S 曲線的 1 至 6 個階段。當我第一個目標 A（我於 2011 年以 GAMA 的最高管理成就獎 MAA 為目標）的進度去到第 3 階段的增長期時（2015 年尾），達標已是指日可待，這時萬不能自滿，要訂立下一個目標 B（100% MDRT 團隊），準備下一條 S 曲線。

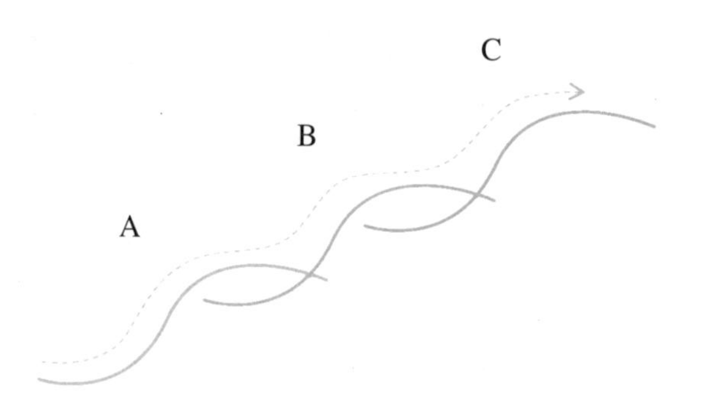

圖例顯示，A 線是第一個目標，B 線是第二個，C 線是第三個。

這個新目標不一定與舊目標同質，但要令我興奮和具挑戰性。達標的過程中，我要大膽構思改革方案、優化現行的工作模式，務求我和組織發展得更好。

由於我在 A 線的第 3 階段時，已開始 B 線的第 1 階段，在 A 線行到第 5 階段時，B 線又進入了第 3 階段，同一時間我又開始下一條 C 線的第 1 階段。如此這樣，可以看到所有 S 曲線緊密連接在一起，更一條線比一條線高，結果出現有升無跌的虛線。

在順景時開拓新發展絕對會比在逆境從頭開始更加容易。因此，無論是人生、企業或是團隊發展，在順景時往往要為下一個目標做好準備，積極尋找和開拓新機會，切忌坐食山崩，到逆轉後才補救很多時已經太遲。

學習筆記

1. 訂下令自己興奮的目標。
2. 目標影響策略。
3. 如果要獲得大幅增長，有時不能單靠努力，需要檢視整個工作流程，甚或要摒棄目前的工作模式，以提升效率和質量。
4. 目標要 SMART，具體、明確、可量化、高而可達、與你的願景一致及設期限。

   S = Specific

   M = Measurable

   A = Achievable

   R = Relevant to your Vision

   T = Time Related
5. 訂立目標要運用逆向思維，以終為始，先長後短。
6. 訂完大目標後，再在途中訂立一些小目標做 Check Point，定時檢討進度。
7. 遇困難時，目標不變方法變。
8. 運用 S 曲線檢視你的發展和目標，做到「居安思危」。

Terry 見解

「有志者，事竟成」這句説話的意思是，如果你真的渴求一件事情的發生，就會排除萬難，願意為這事情付出代價。

一個人滿有動力地追求目標，其動力根源往往來自這目標對當事人的意義，或要完成這目標背後的原因。舉例：我要做到 MDRT 的業績，因為我想換過一輛心儀的電動車。如果這同事非常喜歡這輛電動車，甚至非買不可，他自然會產生內在動力，經理就不用擔心他會躲懶。

若經理懂得運用「向上歸類 — Chunk up」的技巧，就能協助同事找出要達致相關目標的動力。向上歸類是一種身心語言程式學（Neuro-Linguistic Programming）發問技巧，每當要達致一件事情時，背後總有一些原因、目的、理由、意義或動機等等，例如：「你話今年要做到 MDRT，不如你講吓點解你要做到 MDRT，對你嚟講，做到又點呢？」；同事：「我今年好想換架 Tesla，又型又唔洗捱貴油！」

若經理能好好運用向上歸類的發問技巧，除了能加強同事追求目標的動力之外，亦可應用在招募、督導、激勵，以及生活中每一個範疇上。

「沒有明確的目標，就不會有明確的方向；沒有明確的方向，就不會有明確的成果。」

托馬斯・卡萊爾 Thomas Carlyle
《過去與現在》一書的作者

反思題

1. 當訂下全年目標後，你會有甚麼感覺？
2. 你的團隊的長、中、短目標是甚麼？
3. 你基於甚麼考慮來訂立每年團隊的目標？

4. 每位同事的每年目標是如何訂下來的？
5. 同事對自己的目標有甚麼感覺？
6. 你有多了解現時每一位同事所訂的目標背後的原因？
7. 無論團隊或同事的目標，會有甚麼策略和計劃來配合？
8. 除了業績相關的目標，你有多了解同事的人生目標？

實用工具

1. 全年目標計劃表

掃描二維碼下載實用工具

第9章

督導

9.1 上醫醫未病之病

建立團隊涉及不少工作，包括甄選人才（Selection）、招募（Recuitment）、培訓（Training）、督導（Coaching）、支援（Support）及激勵（Motivation）。前三項已經講解過了，現在分享督導如何一步一步幫同事訂立及達成目標。

曾聽一位導師說，小團隊領袖最需要掌握督導能力，中團隊領袖要掌握演説能力，大團隊領袖最重要掌握演戲能力。細想之下，不無道理，這更反映督導是把小團隊發展至中團隊的關鍵。

很多經理都會等同事出事時才出手幫忙，無事則由他們自由發展。那些經理不是做督導，而是如醫病，靜待病人找上門。然而，醫生也分上醫、中醫及下醫。在此先説一個故事。

扁鵲三兄弟

在中國典記中，有一位名醫叫扁鵲，曾醫好無數人。他家中有三兄弟，都是醫生。魏文王問扁鵲：「你們家中三兄弟，誰的醫術最好？」扁鵲答：「是大哥，二哥次之，我則最差。」

魏文王奇怪，既然大哥和二哥的醫術都比扁鵲高，為何甚少聽到他們的大名。扁鵲解釋：「大哥治病，往往是在人病發前就下藥剷除病根，正因為他們還不覺得自己有病，旁人難以察覺他的醫術如何高超。至於二哥治病，是在人患病初期便醫治，當時他們只感到輕微痛苦，所以鄉里以為二哥只能治小病。反而很多人都在病情最嚴重、痛苦萬分時找我，得到我的治療康復後，自然覺得我的醫術高超。但我們三兄弟中，誰人醫術最高，只有我們三人才心知肚明。」

這故事告訴大家，下醫是醫已病之病，即在人病發時行醫的醫生屬於最低層次。層次高一級的醫生，是醫將病之病，在病人患病初期已對症下藥。上醫則是醫未病之病，即在人未病發前，便為他們調理身體，抵抗病菌入侵，如此才算是高手。

作為經理，也要抱着醫未病之病，甚至以保健強身的心態來督導同事。例如，有一位同事突然做了一張大單，幾近完成全年目標，若然經理因此放任不管他，他很有可能會休息，或是不着力做生意，結果他未必能完成目標。

一位出色的領袖，應該在同事簽大單後，在他們「未病」之時，便為他們訂立更高目標，並繼續鞭策他們的約客數目，令他們繼續維持好表現，甚至有所突破。若然同事是一位性格囂張的人，則要防他會過度自滿和自我膨脹，最後反過來挑戰你及你的團隊。所以，在此情況出現前，領袖要不斷向他灌輸一個概念，就是很多做到大單、成績卓越的同事都很謙虛，令相關同事不會過度驕傲。

但這樣說督導也不全面，因為好像只做防守，防患於未然。真正的督導其實包括進攻，就是訂立目標和達成目標。

9.2 督導八大要點

正因為督導是醫未病之病，領袖有必要檢視同事的工作進度，得悉其成績和狀態等；而督導要取得成功，需留意以下八點：

第一：建立互信關係

領袖要成功督導同事，令他們接受你的建議，甚至付諸行動，其中一個關鍵是要與同事建立互信關係。

古代神醫扁鵲曾告訴他的徒弟：「信者醫之，不信者不醫！」徒弟很奇怪，醫生不就是救人的麼？為甚麼不信者就「見死不救」？扁鵲解釋，假如病人相信你，便能配合治療，儘快康復。若他不信你，一直懷疑你不能醫好他，他又怎會配合治療？這就是所謂「天雨雖寬，不潤無根之草；醫術再好，難渡無緣之人。」

上述的故事，說明如果同事不信你這個領袖，而你不覺有問題或沒有求變的心，那你花多少心機、時間、唇舌也是枉然。外國有一句說話 "When the student is ready, the teacher appears." 所以，在指導同事前，應先與他們建立互信關係，之後再逐步幫助他們解決困難，尋求突破。

但要留意，所謂互信關係並非要令關係親密到稱兄道弟。常言道：「近則庸，遠則威。」在工作上，若為了方便管理，上司下屬應該保持適當的距離。不是要你疏遠他們，而是彼此建立互信關係已足夠。若然上司下屬過於親近，人性使然，肯定會出現無大無細的情況，影響管理者的威信；更甚者，有機會產生不必要的感情。雙方未婚還好，已婚的話甚至有機會名譽掃地，三思！

第二：圍繞訂立及達成目標

所有督導工作都是圍繞訂立及達成目標進行，因此督導工作要檢視同事的工作進度，衡量他們能否如期達標，必要時幫助同事調整目標。

事實上，大家訂立目標時，很多時在一年之初，但一年很漫長，有同事訂立的目標太低，很快超標完成，此時便要為他們訂立一個更進取但可達到的目標。如果同事大落後，便要想辦法激勵士氣，若然不奏效而發現他們所訂立的目標太進取，便要指導他們如何尋找適合自己的目標。在上一章曾跟大家説訂立目標的法則和心得，在此時便大派用場。而下一章會分享一個名為 DOOPARS 的方法，幫助大家達成目標。

第三：必須作主導

督導時，很多內容都是圍繞同事見客遇到的問題，還有了解他們的工作計劃、部署和狀態等。但有些同事可能根本沒有工作，以致沒有問題可以與領袖討論，而且為了掩飾其業績或工作上的空白，他會無限放大一個小問題，如裝出一副愁眉苦臉，説有客答應落單又突然反口、生意如何不好、家人生活如何慘淡。如是者，領袖在整個督導過程便是聽他吐苦水，此情此景讀者是否似曾相識？很多時領袖聽到這些同事的慘況，只能不斷安慰和鼓勵他，那麼一小時督導轉眼過去，領袖根本沒了解到他的工作情況。

很明顯，這些同事成功反客為主，主導了督導內容。我想到一個方法避免這情況，就是靠「約會 15」工作報告（下節詳談），一個多麼缺乏美感的名號，但我想不到更貼切的，如讀者想到，歡迎告之。

第四：定期督導

有見同事普遍不會主動找領袖，到有大問題找領袖時，很多時為時已晚，藥石無靈。若然領袖將督導變為恆常活動，定時進行，且同事必須出席，便會令他們習慣被督導，因而心理上不會有太大負擔，遇到小問題時也願意向你傾訴，這樣才能為他們儘快解決問題。

第五：督導頻率因人而異

新人由於對工作環境感陌生，遇到的問題較多，所以督導次數可較頻密，大約每週一兩次。當然，如果領袖有時間，又很着緊新人，每日督導也無妨。較資深的同事，則可以每月或每季督導一次。如果新人較為醒目，又或是很主動進取，督導的次數可以減少。還有，遇着某些同事有情緒問題，則要視乎情況調整督導頻率，並不一定多就是好。

第六：善用小組督導

很多時督導都是點對點進行，但當團隊人數愈來愈多，領袖的時間不足，就要將差不多年資、水平的人放在一起，以小組做督導。藉此，同事可以互相借鏡，有時你解答 A 同事的問題，原來 B 同事也有同一煩惱。如此一來，你便可一次過解答多位同事的問題，省回不少時間。

第七：督導靈活多變

很多人以為督導必定在一間房，正經地與同事探討工作難題，其實督導可以任何形式進行，不一定刻板沉悶。例如，我有一位 30 多歲、十分能幹、知識豐富且生意不俗的單身女經理，其為人耿直，外號「白臉包青天」，正因如此，欠缺一份親和力，難以凝聚團隊，以致團隊發展停滯不前。

由於女經理的性格一時三刻難以改變，於是我想出一個辦法，就是領養一隻小狗送給她，讓她照顧。她要每日帶小狗散步、如廁，遇着小狗頑皮咬爛傢俬，因着牠不懂人情世故，也沒責怪牠。漸漸地，女經理培養出愛心來，也學懂與能力較低的人相處，繼而令團隊的成績愈來愈好。

此外，我有一位同事經常遲到，屢勸無效。為了讓他意識遲到的問題，我便約他看電影，而且看之前一起吃飯。我在那頓飯不斷説很多話題，直至電影開場前，仍説個不停。同事不斷望錶，最後忍不住跟我説：「Wave，夠鐘開場，要看電影了。」我隨即跟他説：「看電影要準時，那為甚麼返工就不準時？」同事馬上知道我約他看電影的用意，從此不再遲到。

由此可見，督導的形式可以千變萬化，只要多花心思，一定能幫同事解決問題，助他突破。

第八：督導人選

新人入職之初，跟領袖彼此的關係像新婚夫婦或初戀情人，處於蜜月期。但日子久了，人與人的關係便不像從前，如果發現大家的關係正處於寒冬，此時便不太適合督導，大家最好分開一下，或改由其他得到新人信任的同事負責督導，待時機成熟，大地回春，你才灑水滋潤這棵小草，那便會事半功倍。

9.3 約會 15 報告

很多領袖督導同事時，主要評估其業績，事關生意才是最終目的，生意不好，收入也不好，便衍生不少問題，例如經濟壓力、自信心受打擊、自卑等。

在保險這行有句話：「有數能醫百病。」但生意不會從天而降，同事必須努力約客見客，並用對的方法才會有生意。所以，要解決生意問題，就要實行見客量管理（Activity Management），這亦是領袖首要做的事。

多年前出席美國 MDRT 年會，其中一位演講嘉賓 Tony Gordon 分享其成功之道。他說只要一星期認真見 15 個客，便可以成為 MDRT。換言之，五天工作，每天見 3 個客便可以成為 MDRT。另一位高人也說過，足夠的見客量可以解決顧問 80% 的問題。除了業績外，還包括情緒問題；有成交固然開心，但是情緒波動不是因為沒有成交，而是很長時間沒有客見，那種滋味非筆墨所能形容，要試過才能體會，長時間這樣便會萌生去意。還有的是，當同事沒有客見，長駐辦公室便容易說三道四批評團隊和領導，這亦不利團隊，正所謂「是非多，生意少。」

因此，每次督導的重點內容，是同事一定要在本週落實下週 15 個約會，務求他們養成良好的工作習慣，否則便會養成不良的工作習慣。說的是若同事臨急抱佛腳，今天約客明天見，一來未必每個客可以應約；二來時間趕，未必有足夠時間預備見客所需的文件；三來他倉促約客，客戶會覺得他是一個沒有計劃的人或太閒，對他的專業形象和信任度大打折扣。所以，若他們未能按時完成每週目標，便有懲罰，事關沒有懲罰的話，這安排便形同虛設。

外國有一句話説得好，“If you fail to plan, you are planning to fail.” 如果不善於計劃，那善於計劃失敗。此話不單適用於理財顧問，任何人也用得着。

當同事已有一定年資或達到 MDRT 成績，便可以考慮不用他交報告；始終紀律不是最終目的，自律才是。所以，領袖適當時候要放手，而我認為有足夠保單數目的 MDRT 是一個令領袖放手的條件。

報告詳細列明見客的每個步驟，例如這星期見了多少客、簽了多少單、進行了甚麼步驟等等。同事於週末把本週見客的過程記錄在「約會 15 報告」上，所謂的記錄其實也很簡單，只是打鈎（見後圖）。

沒有白費的努力，沒有僥倖的成功
成功者永不放棄，放棄者永不成功

姓名：Bob

日期：2008/20/10（星期一）－ 2008/26/10（星期日）

甲部						乙部																		
No	中文姓名	約會日期 dd/mm	星期	約會時間 hh:mm	約會地區簡稱 e.g. CWB	提醒約會	爽約	改時間	赴約	?次約會	搜集資料	推銷公司	推銷自己	推銷概念	索取預算	確認預算	客戶填表	建議書	提出成交	成交單數	FYP (HK$)	送保單	售後服務	索取轉介
1	王楠	20/10	一	13:00	CityU				√	2		√		√		√		√	√		$			O
2	叶冬华	20/10	一	15:00	CityU				√	2		√		√		√		√	√		$			O
3	孙光华	20/10	一	19:00	CityU				√	1	√	√	√	√							$			O
4	郭文轩	21/10	二	14:00	CityU				√	2		√		√		√			√		$			0
5	李屹	21/10	二	17:00	CityU				√	2		√		√					√		$			0
6	周瑶	22/10	三	14:30	HKU			√													$			
7	盧和暢	22/10	三	12:30	HKU				√	1	√	√	√	√							$			0
8	赵轩	22/10	三	16:30	HKU			√													$			
9	石芸	22/10	三	18:00	CityU				√	1	√	√	√	√							$			0
10	関成	23/10	四	12:30	[illegible]				√	1	√	√									$			
11	徐建	23/10	四	15:30	HKU				√	2						√		√	√	1	$3600			0
12	孙金峰	23/10	四	19:00	HKU				√	1	√	√	√	√			√		√		$			O
13	钟英武	24/10	五	12:30	HKU				√	1	√	√	√	√	√		√		√		$			2
14	郭鹏	24/10	五	14:30	HKU				√	1	√	√	√	√							$			0
15	何欣	26/10	日	17:00	CityU				√	2							√	√	√	1	$1880			O
16	顾景曦	26/10	日	15:00	Olympic				√	4											$	√		0
17	徐建	24/10	五	16:00	HKU				√	3				√							$			O
18	陽梓林	24/10	五	18:00	尖沙咀				√	1	√	√	√		√	√	√	√	√		$			O
19		/		:																	$			
20		/		:																	$			

請於每週一中午 12:00 前交本週已完成「約會 15」報告甲部及上週完整「約會 15」報告甲、乙部予組別秘書處。MDRT 或 Life Club 成員來年可豁免此項安排。
若平日為公眾假期則減 3 個約會；若平日整天上課或公司指定活動則減 2 個約會；若下午或晚間上課或公司指定活動則減 1 個約會。每份報告遲交一天需捐贈 10 元入 U-Fund。上級簽署。

20 OCT 2008
27 OCT 2008

◆ 約會 15 報告

愈複雜的東西愈容易出錯。當稍有經驗的領袖手執以上的報告，便對同事的工作情況一目了然，再針對重點問題給予適當建議，省回不少時間。而領袖亦可取回主導權，因為毋需在見同事時再問他有甚麼問題，變相少了被同事帶着遊花園的情況，亦可提升工作效率。

另外，當團隊人數愈來愈多，領袖未必記起上回督導同事的內容，所以應該養成習慣，將督導的內容記錄下來，包括日期、時間、同事的工作情況、遇到的困難、未來計劃，例如培訓或調整目標，或是給同事一個挑戰；如果在某限期前達成目標，可獲獎賞，做不到則有處罰。下次督導時，領袖便可根據上次的紀錄，跟進同事的工作。

9.4 激勵三式

做督導的時候，領袖的態度和說話方式都對同事有影響。有些領袖態度較溫和，多用鼓勵方式激勵同事。有些則較斯巴達式，表現不好會罵會罰，究竟那一種方法較好？

點人笑穴，莫點死穴

有人做過兩個實驗。第一個是將一班學生按讀書成績平均分成兩班，兩班學生的學習能力和知識水平相若，但同一位老師分別對兩班學生的教學態度不同。A 班做對的話，老師會讚賞學生，做錯則不出聲；B 班則相反，做對不出聲，做錯會批評學生。經過一段時間後，老師發現 A 班學生的成績普遍較好，得出的結論是：讚美比批評更具成效。

能力有限，努力無限

第二個實驗是同樣將一班學生平均分成兩班，但今次兩班都採用讚賞方式，但讚賞的方法不同。A 班做得好時，老師會讚學生聰明，是天才；B 班做得好時，老師表揚他們做得好好，是用心和努力的結果。一段時間後，老師列出一堆任務，當中有難有易，要學生自行選擇。結果發現，A 班學生普遍會選一些較易完成的任務，B 班則會選一些較具挑戰性的。

第二個實驗告訴大家，當你表揚一個人時，如果將重點放在先天條件如聰明上，他便不會相信努力能改變結果，且會害怕知道自己的極限，所以不願去接受挑戰。反而當大家表揚一個人因努力而得到佳績時，他深信自己能成就一切，因而無懼挑戰。所以，大家督導同事時，也需慎言慎行，不能隨便打擊他們的士氣。有兩句金句：「寧點人笑穴，莫點人死穴」及「能力有限、潛力無限」都是鼓勵同事的方向。

三種激勵方式

讚美雖然較責罰好，但也不能只讚不彈。曾看一本書，內裏提及三種激勵方式：第一種是恐懼（Fear Motivation），意思是做不到要求便要受罰；第二種是獎賞（Incentive Motivation），做到要求有獎賞。第三種是自我激勵（Self Motivaton）。

第一及第二種屬短期激勵方式，所需的獎勵必須一次比一次多，或懲罰要一次比一次重，才會收到效果；否則，激勵效果會漸漸減退。只有第三種，由內在引發的自我激勵才可持久不衰。至於怎樣做到，在此先説一個故事。

一位老伯伯喜歡靜，決定搬往郊區住。他的新屋四周環境寧靜，屋前有大片空地，景觀開揚。老伯伯本來對這間新屋十分滿意，誰知住了一星期後，便有一個大問題，就是每逢黃昏，總有班小孩放學後，聚在他的門前空地踢足球。小孩喧嘩的叫聲，以及足球撞到屋子大門和牆身發出的砰砰聲固然擾人，但更讓老伯伯懊惱的，是他在門前悉心栽種的植物被足球打翻了好幾盆。

對於這個故事，很多人的第一反應是應對那班小孩破口大罵，鬧走他們。不過，老伯伯沒有這樣做，他反而拿出銀包，給每個小孩 20 元，然後跟他們説：「謝謝你們，你們令這裏變得十分熱鬧，我也因此年輕不少，這些錢是小小心意。」小孩歡天喜地收下。

第二天，小孩又來了，老伯伯再派錢，小孩本以為有 20 元，誰知老伯伯說：「不好意思，我退休了，沒有收入，所以只能給這麼多。」小孩覺得 10 元還可以，又欣然收下後離開了。

第三天，小孩再來，老伯伯給每人 5 元。第四天，老伯伯給每人 1 元。當小孩只收到 1 元時便說：「我們每天這麼賣力為你表演足球，竟然只有 1 元，這麼少錢連買一罐汽水也不夠，我們以後不來了。」從此，老伯伯便高興地重過其寧靜的生活。

老伯伯很有智慧，巧妙地在不罵人的情況下趕走小孩。他成功將小孩最初純粹為求開心而玩的內部動機，轉化成為金錢而玩的外部動機。而小孩也太容易受其他物質引誘，忘記來空地玩的初衷。

勿忘初心，方得始終

事實上，我們小時候參加課外活動或運動項目，很多時純粹為興趣而開始，並為此廢寢忘餐，日子有功，有少許成績也屬正常，隨之而來的是大人的讚賞。我還記得第一次被老師當眾稱讚，感覺很爽。有些家長甚至會開出條件，達到甚麼成績會獎甚麼，慢慢地，人便轉移為這些外來的讚賞和禮物而努力，忘記了當天那一份真摯樸實的喜歡。

我從事保險理財行業多年，眼見很多人入行之初根本不知道甚麼 MDRT 等榮譽冠冕，但入行後出於公司和老闆的推動和吹捧，慢慢以這些獎項為目標，為這些東西而做保險，做得到固然開心，做不得卻否定自己，更甚者選擇放棄不幹，完全忘記當初入行的初衷。

別誤會我反對追逐獎項榮譽，反之我非常鼓勵訂立目標。我經常說有沒有目標的日子也要過，有目標會過得充實一點。目標給我們努力的方向，高目標可以提升我們的思維層面和優化我們的策略。別將全部注意力放在成敗得失上，也要享受當中的過程。

所以，作為上級或教練，應發掘同事工作的原動力，用合適的表揚方式，配合獎賞和恐懼作開始，再引導為自我激勵，才是正確的做法。

9.5 勿做怪獸領袖

曾有其他團隊的領袖問我：「Wave，你的團隊有很多剛入行的新人，第一年便拿了 MDRT，而且不止拿下一年，是持續年年都拿下，有些更奪得 COT 及 TOT，有甚麼秘訣呢？」

據了解，那位領袖招募的新人當中，能第一年拿 MDRT 資格的人不多，就算有，只拿下一年，第二年便「斷纜」，之後的成績一般。我反問那位領袖：「你通常會為新人做些甚麼？」他說：「我做的可不少，我很用心教他們，又陪他們見客。我擔心他們起步困難，所以給他們一些『孤兒單』，讓他們跟進。我甚至外出見客時，也會帶他們一起，分半張單給他們。為了與他們建立良好關係，我又經常請他們吃飯。」

聽完之後，我隨即做了一個大膽的推斷：「你這麼用心教新人，希望與他們建立關係，但是否事與願違？某些新人對你的態度是否反而愈來愈差，甚至乎不尊重你？」他隨即睩大雙眼：「你怎會知道的？」

蝴蝶破繭靠自己

事實上，領袖給同事適當的指導和培訓是應該的，但並不是甚麼都要為他們準備，過分呵護反而害了他們，情況就如毛蟲必經結蛹階段，靠自己破繭而出，才能變成美麗的蝴蝶，自由飛翔。但大家又知否小蝴蝶在破繭前要經過多番折騰，才可令翅膀茁壯成長？

曾有好心人見蝴蝶在破繭時費盡力氣也未能成功，於是替牠在蛹口剪開一個小洞，讓蝴蝶順利離開，可惜這隻小蝴蝶的翅膀卻是萎縮的，身體還像一條腫腫的小蟲，不能飛起，最後只能在地上慢慢蠕動，直至死亡。

其實，萬物生長自有道，外力干涉未必好。就像蝴蝶破繭掙扎，會把體內多餘的水分擠到翅膀去，但好心人幫忙，令蝴蝶未能得到充分時間掙扎，以致其翅翼不全。

人生很多事情都像蝴蝶破繭一樣，必須迎難而上；又如學踩單車或走路般，必會跌倒，最後需靠自己克服困難才可學懂。如此說，新人來到新公司，面對新環境、新人事，工作未熟悉，技巧未純熟，知識和客源欠奉，必會遇到不少困難，只有經歷一些挫折，才會學懂如何應對，且更珍惜得來不易的成功。

授人以漁

那位領袖所做的，我也可以做，但我大部分也沒有做。我只教授新人專業知識和技巧，助他們養成一個良好的工作習慣，正確看待自己的工作、行業、公司和團隊。當他們遇到挫折時，給予安慰和鼓勵，並教他們怎樣面對，並提供方向讓他們自行解決問題，而不是落手落腳直接幫助他們，甚至將手上的客源無條件送給他們，事關這表面上看似幫助他們，實際上只會是害他們。

始終，授人以漁總好過授人以魚。新人明明是一隻獵豹，懂得覓食，但你將他們當家貓般飼養，長此下去，他們便會慢慢喪失覓食的能力。

要知培訓目標

在保險這行，大家要弄清楚你要培養一個普通理財顧問，還是一個 TOT？你的同事想要的是僅夠糊口的收入？還是想賺更多？不同的選擇，鍛鍊方法也截然不同；用錯方法，雙方關係只會吃力不討好。

作為領袖，我們需要和同事保持互信關係，但並不需要當同事為老闆、客戶般去服侍。若然過分呵護，如日日請吃飯、車出車入等行為，人性使然，久而久之，同事便會覺得是奉旨。而且，若然他日團隊壯大，你沒有充足時間照顧他們，他們的成績下滑，反而會責怪你疏忽及幫不到他們，而不會反省昔日他們的成功，其實並非百分百靠自己努力爭取得來的。

情況就如現在很多家長慨嘆，這一代的年青人沒有上幾輩人的拼搏精神；上一代人，不論生活如何艱難都不想拿政府的綜援。但今天，部分有手有腳、體格健全的香港人都依賴政府照顧，甚至責怪政府提供的福利不夠，但從無想過自己可以在社會賺錢，自力更生。

最後，再重申一遍，謹記「近則庸，遠則威」，上下之間建立互信之餘，也要保持適當距離，如此才是長治久安之道。

9.6 珍視中等同事

一個團隊，總有些人表現較優秀，有些人表現較差；有些服從度高，有些專搞對抗。很多領袖都會將注意力集中在表現優秀和專搞對抗這兩批人身上。可是，團隊有更多人的表現是中規中矩，往往被領袖忽略。其實，表現中等的同事，往往是公司的寶藏，疏忽照顧他們往往會鑄成大錯。以下我分享三件往事。

第一件事：平庸最慘

一位經理有天來找我求救，他說：「公司炒了 A 君，你能否幫幫他？」對於這個突如其來的請求，我感愕然。原來這位 A 君近半年的業績很差，公司已先後電郵了兩封警告信給他，也同時給了這位經理副本，可惜二人都沒有查看電郵，直至公司正式發出開除 A 君的信，而 A 君又未能登入公司的電腦系統，才知道出大事。

我奇怪地問這位經理：「為甚麼 A 君成績倒退，你竟然事前沒有發現？」他答：「因為 A 君不是新人，而他一向成績還可以，所以沒有為意，誰知就出事了。」

第二件事：潛意識作怪

在我成立團隊之初，組內有一位中堅分子，亦是一位大師姐，我姑且叫她 M 小姐。M 小姐一向的銷售成績不俗，又有一定年資，所以我認為她可獨當一面。而當時團隊又正值擴張期，有不少新人加入，故我把時間都放在培育新人上。

有一次，M 小姐說：「Wave，你把時間放在新人上，都不用理我了。」當時我以為她撒嬌和開玩笑，不以為意，誰知 M 小姐的成績從此一落千丈。由於 M 小姐的銷售成績佔整個團隊的比例頗大，於是我也緊張起來，便抽多了時間幫她重上軌道。之後，我又把時間放回新人上，但如此一來，M 小姐的成績又再下滑，後來才知道原來是她的潛意識作怪，想借成績下跌來引我注意和加以關心。

第三件事：堅持進步

在十多年前一場演講上，講者是我的一名前輩，分享帶領團隊的心得。這位前輩與台下有以下一段對話，我至今仍然印象深刻。

台下：「你的團隊是否仍然每天早上八時來個早餐會？」

前輩：「是。」

台下：「那 MDRT 也要參與？」

前輩：「要。」

台下：「那 COT 呢？」

前輩：「都要。」

台下：「TOT 呢？」

前輩笑說：「未知，因為還未有。」

台下：「為甚麼 MDRT、COT 的成績那麼好，仍要他們參加早餐會？」

前輩：「很多領袖以為同事做了 MDRT、COT 便可以獨當一面，不用再理他們。但在我眼中，其實所有人都是 TOT 的材料，只要他們一日未成為 TOT，我仍會繼續督導他們，提升他們的表現。」

綜合以上三件事，我得出一個結論，就是中等的人的根基很好，只要給予適度的栽培，隨時可以成為團隊的明日之星。這就如一般問卷調查評分由 1 至 5，1 是最差，5 是最好，我們往往希望把 1 分和 2 分提升至 4 分，但卻很少想把 3 分變成 5 分。事實上，中等的人並非一步登天，且較其他人對團隊更忠心。倘若社會或公司忽略他們，以致他們不進則退，到你醒覺要關心他們之時，可能已經太遲。

9.7 處理搞事同事

正所謂「一樣米養百樣人」，每位領袖都希望同事聽教聽話又好數，可是世上總有一些人會不斷挑戰領袖，且愛無理取鬧、無事生非。

我有一位朋友也是領袖，有次在他開會期間，有位同事突然站起來，向他說了一番無禮的話後便轉身離開，令他久久未能釋懷。

忌忍和破口大罵

面對惡搞的同事，領袖一般會有以下反應：第一種是忍，裝作甚麼事也沒有發生。這種反應予人懦弱之感，權威會蕩然無存，就像香港前特首經常被罵，那他又怎能有效執政呢？第二種反應是破口大罵，可是無論你多有道理，只要你帶着情緒回應，也只會是你錯，更有失身份和民心；正所謂瓷器撼缸瓦，吃虧的始終是你。

還記得小時候，我家經營大排檔，那時很多「無賴」來吃霸王餐，他們不單吃完不付錢就走，有些更在碗內放甲由腳，然後誣衊我家。若我們跟他們理論，就會驚動其他食客，其他食客就會半信半疑，認為你的食物不衛生，最終會影響生意。為大局着想，家人最後選擇息事寧人。

忍不行，破口大罵也不行，那可做甚麼？在此先分享我初入行的一個經歷。記得有次約十位朋友飯聚，其中兩位是我的客戶。當時我刻意跟他們說：「你的賠償已辦妥了，甚麼時間方便我給你支票？」「你的保單已經出了，何時可以送給你？」本來我想借這番話推銷自己，誰知在場有一位綽號

「猥瑣仔」的朋友大聲說：「是你們這麼蠢才被 Wave 說服買保險，我就不會上當了。」那刻，我發現兩個客對望一下，彷彿有點擔心自己投保的決定，其他朋友則坐在一旁「食花生」，看我如何收科。

猥瑣仔如此貶低我，我當然很想反枱打他，但最後我也壓住怒火，靈機一觸跟他說：「猥瑣仔，你說得對，真不是每個人也需要買保險。考考你，如果眼前有一大顆鑽石，一塊同等大小的普通石頭，但夾萬只有一個，只可放其中一樣，你會選擇放甚麼？」猥瑣仔第一時間答：「當然是鑽石，還要問嗎？」我隨即說：「不錯，有價值的東西才需要保障，沒有價值的東西就不需要保障。」

此時，猥瑣仔再蠢都知我兜了一個圈來揶揄他，我看到他嬲到臉紅耳熱，差點兒想拿起水杯擲過來，便隨即為他鋪下台階：「猥瑣仔，你如此聰明，這個道理又怎會不知，剛才你這麼說，無非想試我反應，看我有沒有資格做你的顧問。其實，我自知還不合格，但希望你給我機會講解一下，可以嗎？」這件事成為我難忘的回憶，有好幾位朋友也因此成為我的客戶，在此都要多謝猥瑣仔給我表演機會。

做「鄭笑揪」

危機危機，有危才有機，平日做得多好的準備工夫只能令你得到 70 分，剩下那 30 分就要看你的應變功力。所以，領袖若然遇到無理取鬧的同事，謹記別讓情緒支配你，要冷靜心平氣和反擊。然後，你要做「鄭笑揪」，笑着來「揪」對方，即是用巧妙的譬喻或故事來反擊對方。但最後則要給對方一個下台階，為整件事打圓場。此舉除了展現你回應得體外，更讓當事人在團隊有容身之所，亦可讓其他同事感到你的氣量。

學習筆記

1. 上醫醫未病之病。
2. 某些同事做到一張大單，可能會引發一些副作用。
3. 督導八大要點：
    I. 建立互信關係
    II. 圍繞訂立及達成目標
    III. 必須作主導
    IV. 定期督導
    V. 督導頻率因人而異
    VI. 善用小組督導
    VII. 督導靈活多變
    VIII. 督導人選
4. 利用約會 15 報告，同事養成良好工作習慣，領袖便可進行活動量管理及督導。
5. 激勵三式
    I. 點人笑穴，莫點死穴
    II. 能力有限，努力無限
    III. 活用恐懼、獎勵和自我激勵
6. 勿忘初心，方得始終。
7. 勿做怪獸領袖，別過分呵護同事，授人以漁，蝴蝶破繭靠自己。

8. 要協助同事養成一個成功的工作習慣。

9. 教同事正確看待自己的工作、行業、公司和團隊。

10. 近則庸，疏則威。

11. 領袖要謹記培訓同事成為甚麼人。

12. 別忽略中等同事，堅持要他們進步。

13. 處理搞事同事，忌忍和破口大罵，要做「鄭笑楸」。

Terry 見解

在坊間，督導（Coaching）有很多不同的定義，而我就較為喜歡這個：「督導是透過有效的對話讓接受督導者樂意做到最好，並制訂具體行動方案來提升表現，以致更有效達致所訂立的目標。」當中所指的有效溝通，發問技巧就是最為關鍵的部分，因此，有些人會誤以為，懂得在檢討表現的過程中，能發問適當的問題，就等如懂得督導。事實上，就算一般經理沒有正式學習過督導，其實有可能在發揮相關的技巧。

「GROW Model」是一個簡單而有效的督導模式。

Goal	目標
Reality	現況
Options	選擇
What's next	行動

若能圍繞着以上四個範疇提出適當的問題，就可以提升督導的質素。例如，當了解對方現況（Reality）時，他表示：

「我試過好多方法都唔得！」，這時你可以問：「咁你有乜嘢方法未試過？」，這一問，就會讓對方逃離經驗的纏繞，從而向着可能的空間去找答案。在工具：「GROW 問題」中，一共有 45 個發問例子，只要能在當中抽取一點養分，就可協助你的同事提升業績。

「督導應該是一種讚揚和鼓勵的過程，而不是一種批評和指責的過程。」

吉姆・羅恩 Jim Rohn
《激勵自己》一書的作者

反思題

1. 你上一次讚賞同事是何時？
2. 除了讚賞同事的業績外，你多數會因何事而讚賞同事？
3. 你認為一般同事有多樂意接受你的督導？
4. 以 1 至 10 分來評分，你認為你的督導有多效用？為何？
5. 在督導過程中，你說話的時間會佔多少百分比？
6. 你一個月會用多少時間來與同事進行督導？
7. 你會如何讓你下級領袖掌握好你所要求的督導技巧？
8. 你會如何跟進在每次督導後的行動？
9. 你認為你在督導方面，有那些地方需要提升？

實用工具

1. 約會 15 報告
2. GROW 問題例子
3. 你的學習風格

掃描二維碼下載實用工具

第10章

100% MDRT

10.1 核心競爭力

經過一輪改革，強化團隊後，終於在 2011 年尾，團隊人數颷升至 40 人，業績達 600 萬元，團隊升格為區域，區域名為 UTOPIA，簡稱 U 區，中文名為理想區，我亦獲公司委任為區域總監。正如在第 6 章提及，我為了晉升總監，追求達到人數要求而沒有炒人；2012 年及 2013 年分別也請了 20 多人，但團隊人數不升反跌，由 40 人萎縮至 2013 年 6 月的 23 人。而本公司有多達 200 位總監，部分已發展了幾十年，旗下團隊過千人，業績也是天文數字。相比之下，我的團隊簡直是蚊型團隊。

小團隊如何突圍？

作為「新升」團隊，資源匱乏，就像 2012 年，UTOPIA 要搬出來獨立發展，公司礙於既有機制，只安排一個 2,000 呎的臨時「三無」辦公室給我們，即是無接待處、無會議室及無培訓室，座位亦不足。在那裏，我們如何見客、做招募及培訓呢？幸好當時附近的友好總監，願意借出他們的會議室及培訓室給我們。

回歸現實，對於一個新入行的人，當然想選擇資源多、人才濟濟的大團隊，我們連會議室也沒有的小團隊，憑甚麼與別人爭人才？答案就是提升核心競爭力。

「加法競爭」已過時

傳統的競爭觀念是「加法競爭」，例如 A 保險公司推出承保 90 種危疾的保險計劃，B 公司便推出承保 100 種的，而 A 公司又再推保 110 種或推一隻 4 厘回報的投資產品，之後 B 公司推 5 厘的，A 公司翌日再推 6 厘的，雙方不斷在原有的產品上加相同的賣點，令經營成本不斷上升，但因為要保持競爭力，不敢將產品加價，結果是大家的邊際利潤不斷下降，以致企業陷入惡性循環，只有客戶短期得益。

這種「加法競爭」主要是鬥家底；一間大公司資源多，利潤賺少些還可以生存，但小企業資源不足，在利潤長期被蠶食之下，最終只會被大企業吞併。所以，小企業跟大企業鬥「加法競爭」，簡直是自掘墳墓。

將這觀念引申至一個團隊運作，為吸引人才而不斷增加福利和支援配套，對於資源有限的小團隊，只會吃力不討好。

只集中發展長處

比你的對手做得更好，是過去的勝利方式，而且只適用於大團隊或大企業。作為小團隊或中小企要突圍而出，反而要為你的產品、服務或團隊不斷做「減法」，找出自己的獨特性和優勢，即 Unique Selling Proposition（USP），將所有資源和宣傳都聚焦在這點 USP 上，將不在行、非專長的工作或產品放棄，目標是將 USP 發揮到極致，成為該領域中的全行第一。

成為第一名十分重要。試想想，大家去外地旅行，想吃好東西，你會選飲食雜誌推介排名第一的餐廳，還是第二的餐廳？撇除價錢問題，很多人都會選第一的，因為肚只得一個，胃的空間有限，難得一次出遊，自自然然會選最好的東西，變相第一的愈來愈多人光顧，便逐漸拋離第二的，雙方的差距便愈來愈大。

第一變唯一

說回頭，在未有互聯網的年代，資訊不太發達，不是所有人都會知道第一名的存在，所以第二、三、四名還有生存空間。但現在大家一上網，按個掣，不同行業、不同領域的 XX 最佳排名榜，全都一目了然。由於消費者特別喜愛選第一的，慢慢地，第一會變成唯一，市場上只有第一的才肯定可以生存。

所以，今時今日要在市場立足，必須建立獨特性、唯一性及稀有性，例如要經營一間茶餐廳，如果價錢不夠別人平，那可以嘗試在味道着手；如果味道也不夠別人好，那可嘗試在食物種類上突圍，沖出最好飲的奶茶，或是造出最鬆化的蛋撻。如果你在某方面成功闖出名堂，便會吸引顧客大排長龍來光顧，到時就不是你求消費者，而是消費者求你，這個市場就可以掌握在你手。這種優勢，便是你的核心競爭力。

10.2 新的藍海

UTOPIA 在內憂外患下，究竟如何扭轉局勢，找到自己的核心競爭力，從而壯大團隊呢？

2013 年 6 月，UTOPIA 只有 23 人的最低潮時，我衰無可衰，決定痛定思痛返回基本步，再為自己做第 2 章提及的 SWOT 分析；詳細分析自己的強、弱、機、危，重新定位及尋找新的目標市場。得出的結果是，IANG 就是我最強的核心競爭力。

當我有明確目標後，便將 UTOPIA 僅有的資源全部投放發展 IANG 市場，無論是招募、宣傳、培訓及管理等，全為 IANG 而設。由於我之前的市場定位是大學畢業生，性質與 IANG 很相似，兩者都是高學歷人士，又是年青人，培訓的目標也是走高端和專業的財務策劃師路線，所以我毋需大幅改變團隊現有的工作模式，只需在個別範疇稍作微調，便可做到發展 IANG 市場。

F24 JUMP 2013.11.22 星期五 明報

[AIA 特輯]

內地高學歷精英理財團隊

大陸保險市場潛力無限 成就個人事業

吸納留港內地專才發展事業

兩地精英+內地專才 建立交流平台 團隊增優勢

總結：

Manager
Wealth Management and Protection

A brilliant career awaits you at AIA Hong Kong
Guaranteed monthly income, up to HK$50,000*

◆ 2013 年刊於《明報》的招募廣告。

結合我們獨有的「複製年青 COT 系統」和 IANG 這目標市場，UTOPIA 成功殺出一條血路，MDRT 比例於 2014 年升至 45%，在全公司排名第三；2015 年進一步升至 68.9%，成為全公司第二。

◆ 獲頒 2016 MDRT 區域獎最高會員比例第二名（註：2015 年成績取得 2016 榮譽）

10.3 挑戰巨人

雖然成績看似不俗，但與第一名相比，我的成績仍是落後，因為第一名團隊的 MDRT 比例接近 90%，與我相差了 20 個百分點，是一個十分之大的距離。而且，這個團隊不只一年拿到第一名，是連續十年拿下第一名，是一個非常強勁的對手，該前輩總監更是我的偶像。

我還記得在 2016 年 5 月 5 日公司的 MDRT 頒獎禮上，當我領完第二名返回人羣中做人肉佈景板時，到這冠軍總監上台領獎。我站在他和 CEO 身後，我看着他們的背影，突然有一股衝動，很想打破這個團隊的壟斷局面，取而代之成為第一名。

◆ 前輩總監獲頒 2016 MDRT 區域獎人數及最高會員比例第一名。

然而，這團隊已經十年拿下第一名，就算我拿到一次第一名，斷了他的連勝紀錄，別人也可能覺得我只是僥倖勝出。所以，要贏得漂亮，需要做更多，於是我在想有沒有可能在數字上破他的紀錄呢？

Sky is the limit

要在數字上破紀錄，意味 UTOPIA 的 MDRT 比例必須超過 90% 方有機會，前提還要他沒有進步。而我再進一步想，既然 90% 已經做到，何不做多一點點，達到 100%？突然間，我全身像被雷電劈中，100% MDRT 團隊的念頭便在我腦海中揮之不去。站在台上的我像着了魔般，愈想愈興奮。

頒獎禮結束後，我細心研究這件事的可行性。過程中，我發現 UTOPIA 過去數年的成績雖然不俗，但我只是把心思全放在如何做好團隊上，卻沒有為自己訂立一個明確、清晰的目標。在督導之中，我經常和同事説要訂立目標及達成目標，但原來我一直忽略了自己，正所謂能醫不自醫。要爭奪甚麼名次？獎項？這些問題竟然沒有想過。

所謂「遲做好過沒有做」，我問自己四個問題：

1. 100% MDRT 是否值得做？值得。
2. 做了對 UTOPIA 和我有沒有好處？有。
3. 如果做不到，對 UTOPIA 和我有沒有損失？沒有。
4. 做這件事，神會否喜悦？會否喜悦我真的不知，但肯定不會不喜悦。

得出的結果全部正面，於是我在 2016 年 5 月 13 日的 MDRT 誓師大會上正式宣布向 100% MDRT 目標進發。

◆ 2016年5月13日的MDRT誓師大會。

◆ 2016年5月13日的MDRT誓師大會。

10.4 DOOPARS 七部曲

當我訂立 100% MDRT 為目標後，便要想方法達成目標。若然用錯方法，結果只會事倍功半，吃力不討好。

我曾主講一個發展團隊工作坊，分享透過舉辦活動去吸納新人。有一次在公司樓下偶遇其中一位工作坊參加者甲君，他上前來很熱情道：「Wave，真是要多謝你教路，我們現在打算搞一個獨木舟旅程請人。」

我：「這麼冷門的活動，你打算請甚麼人？」

甲：「我們想請女新人。」

我：「甚麼？女士怕不怕太陽曬？」

甲：「怕！」

我：「你覺得懂游水的女士多，還是不懂的多？」

甲：「不懂的多。」

我：「女士是否每月也有數天不太方便？」

甲：「也是……」

我：「獨木舟是很講求體力的活動，你覺得女士是否應付得來？」

甲：「……」

我：「那還搞獨木舟旅程？究竟是誰想出來？」

甲：「其實是團隊想了很多活動，然後投票得出來。」

我：「那投票的是男多還是女多？」

甲：「男多。」

說到這裏，大家也知道問題出在那裏吧！這位甲君雖有目標請新人，可是用錯方法；透過商討活動，投票表決，就是請到男新人，與原本想請女新人的想法不着邊際。

事實上，不少組織或機構都是利用上述方法來做決策，但很多時結果都不如預期。而坊間有很多 Project Management 的方法，大家較熟悉的有 DOME、PPP 及 OPARS，但我覺得還是不夠全面，於是我結合了這幾個方法的優點，開發了 DOOPARS 七部曲，七個英文字母各有意思，而且要依次跟着做。

Diagnosis 診斷

Objective 目的（What, Why）

Outcome 結果（Specific）

Process 過程（Who, Whom, Where, When, How, What if）

Action 行動（Deadline）

Review 檢視（Check Point）

State 狀態

第一部：Diagnosis / 診斷

知己知彼，才可百戰百勝。因此，做任何事前，首先要檢視目前組織或團隊的現況。

第二部：Objective / 目的

要清楚目的是甚麼，以及為甚麼要達成目的。例如，你想擴充團隊或是有業績增長、想同事間相處融洽及和諧些，這些都是目的。

第三部：Outcome / 結果

結果一定要具體和明確，例如今年業績要有 50% 增長，故要請 20 人，其中 10 位是大學生等等。

第四部：Process / 過程

當有明確的目標和結果，我們便可將兩者連成一線，然後在這條線上策劃過程，例如想想項目由誰負責？目標對象是誰？在那裏舉辦？何時舉行？如何舉行？遇到突發情況要如何處理？等等。

就像前述的甲君，若然他以 DOOPARS 策劃活動，目的和結果都是要請女新人，過程便可能改為學做曲奇、Tiramisu 或咖啡拉花等興趣班，招募效果應會較獨木舟好。

第五部：Action / 行動

很多時搞項目，有人會議而不決，且沒有落實開始時間，這時候便該訂下一個明確的完成死線，促使大家加把勁將之完成。

第六部：Review / 檢視

行動時，大家總會有偏離目標的時候。所以，我們要在途中設立一些 check points 來檢視情況，若有偏差要即時修正。反之，若然到終點才做檢視，很多時已經成王敗寇，大局而定，要改也太遲。

第七部：State／狀態

之前六部曲都是一些很理性的行為，但執行的始終是人，人是有情緒的動物，很多時因着健康、生活狀況、工作及人事等問題，影響了狀態，令執行力下降，這個時候便需要同事鼓勵、支持，以儘快回復狀態，務求整個團隊可順利完成目標。

DOOPARS 七部曲用途廣泛，除了應用在工作上，也可應用在不同範疇，包括項目管理、活動計劃、教導小朋友、策劃人生……無往而不利。而我當然利用 DOOPARS 有系統地實現 100% MDRT 的夢想：

第一部：Diagnosis／診斷

- 人數基數相對小，有利爭奪百分比獎項。
- 上下一心，士氣如虹，坐亞望冠。
- 內地抵港客戶需求不斷增加，有利 IANG 團隊。

第二部：Objective／目的

- 100% MDRT 和第一名。

第三部：Outcome / 結果

計算 MDRT 區域的百分比，是用每年 3 月底的人數作為基數，再與年底時做到 MDRT 人數來計算。簡單說，2016 年 3 月 31 日，UTOPIA 人數是 62 人，只要年底 UTOPIA 有 62 人是 MDRT，那便做到 100% MDRT 比率。因此，年底時 MDRT 人數要高於 62 人，便是我想要的結果。

第四部：Process / 過程

第一，過去兩年我也有控制 3 月底的人數，目的是儘量降低基數；如果有新人想加入，可以的話也會請他們延至 4 月入職。

第二，踏入 4 月後，UTOPIA 開始大量請人，招聘對象必是高質素的人才，因為他們可能在第一年奪得 MDRT，在數字上彌補一些不會做 MDRT 的舊同事。

第三，設立 MDRT Buddy Program 夥伴計劃，即是由一個 MDRT 同事照顧或帶領一個非 MDRT 同事，就像師徒制一樣，幫助非 MDRT 的同事一步一步邁向成功。如果兩個人到最後同時做到 MDRT，就會有特別獎賞。這種人盯人的方式十分奏效。

第四，請達到 MDRT 或還堅持繼續努力的同事在年尾的早會上激勵大家。

第五部：Action / 行動

立刻行動，而且截數日期非常明確，全世界也統一是 2016 年 12 月 31 日前。

第六部：Review / 檢視

5 月，公司還未有官方比賽報告，但情報就是一切。我着同事每週弄一個報告給我，方便我在例會上公布及宣傳。每當有人達到 MDRT，我於當日早上便在羣組內恭賀，提升士氣。

第七部：State / 狀態

團隊層面上由我調整，個人層面上由 Buddy Leader 和直屬領袖照顧。

10.5 成就傳奇

按着 DOOPARS 七部曲，很高興與大家分享最後結果，2016 年我們得到主的應許，破紀錄請了 82 人，UTOPIA 人數由年初的 61 人，大幅增至 118 人。業績亦由 2,857 萬元飛躍至 6,579 萬元，升幅達 130%，並奪得 2016 年度超級傑出區域第一名。而最重要的 MDRT，我們一共誕生了 69 位 MDRT、COT 和 TOT。MDRT 比率是 111%，同時 COT 和 TOT 比率是 38.7%。

100%MDRT
38.7%COOT+
The Birth of a Legend
DONE

◆ 雖然超額完成，但為免花費唇舌解釋計算 MDRT 比例的遊戲機制，所以我們對外也只以 100% MDRT 自居。

◆ 2017 年 5 月接受資本企業家雜誌訪問，並榮登封面。

2018 年 2 月 8 日最後一屆 MDRT Experience and Global Conference 中，我有幸被大會邀作主場講師，講題便是「100% MDRT」。

◆ MDRT Experience and Global Conference 現場。

◆ MDRT 當屆主席 Mr. James D. Pittman 也在過萬名觀眾面前介紹 UTOPIA 是 100% MDRT 團隊。

◆ 我與 MDRT 當屆主席 Mr. James D. Pittman 在後台合照。

在此感謝主的恩典、公司的支持、客戶的信任、所有前線後勤同事的鼓勵，最後當然是所有 UTOPIANS ，少了你們每一位也成就不了！誠如馬可福音 9:23：「在信的人凡事都能！」將一切榮耀頌讚歸於神！

10.6 Stay Humble, Stay Hungry

我曾聽過一句話：「一個旅程令你興奮的，不是目的地而是過程。」我覺得這句話很有意思，也能表達我 2016 年時的心境。既然如此，就要像第 8 章提到的 S 曲線般，尋找下一個目標，繼續興奮。

本來我想擬訂這節為「新的開始」，但想想還是用我近年經常提醒自己和同事的一句話 "Stay Humble, Stay Hungry"。

常言道：「謙有益，滿招損」，「自滿是進步的敵人」，真是一點也不錯。100% MDRT 已是過去的成就，近年仍不斷提的原因只是品牌定位和宣傳需要。在 2017 年初，我已訂下新的目標和計劃，就是培育 10 位總監，UTOPIA 達到 1,000 人。這對我來說是一個很大的挑戰，一個沒有信心完成的挑戰，但這就對了。古語云：「書到用時方恨少，事到做時方知難。」當人面對一個沒有信心的課題時，便知道自己的不足，學會謙虛。若真的僥倖給我成功了，我再跟大家分享！

學習筆記

1. 利用 SWOT 分析，找出自己的核心競爭力
    - 加減法並用
    - 資源少的話，便集中發展長處
    - 先做某領域的第一，然後成為唯一
2. DOOPARS 七部曲

    第一部：Diagnosis　診斷

    第二部：Objective　目的（What, Why）

    第三部：Outcome　結果（Specific）

    第四部：Process　過程（What, Whom, Where, When, How, What if）

    第五部：Action　行動

    第六部：Review　檢視

    第七部：State　狀態
3. 馬可福音 9:23：「在信的人凡事都能！」
4. Stay Humble, Stay Hungry。

Terry 見解

無論你的團隊屬於那一個規模，整體表現是否理想，都建議你選一個項目來發展成一個長處，若已有某項長處，就可考慮發展另一項或把現有的推上另一境界，因為這樣有助推動團隊持續進步。

當訂立好一個發展目標，就可運用 DOOPARS 來實踐整個過程，同時亦可以「加、減、乘、除檢視法」來配合，讓焦點更加集中。

加：是指加入新項目，例如：之前沒有主動招募同行，現在就每星期最少要有一個招募同行的約會。

減：是指減低次數或時間，例如：之前每星期安排兩次的 Roadshow ，現在減少一次。

乘：是指加強次數或時間，例如：之前每兩星期才一次一對一檢討同事業績，現在每星期一次。

除：是指刪除或停止一些事項，例如：之前每月都會在不同渠道登廣告，但現在停止在沒有預期效果的渠道上再登廣告。

當發展核心競爭力的時候，若能同時運用「加、減、乘、除檢視法」，就會把資源運用得更有效。

「成就傳奇需要不斷學習和成長，以便在變化的世界中保持競爭優勢。」

彼得・德魯克 Peter Drucker
現代管理之父

反思題

1. 一個有挑戰性而你又期望要得到的團隊榮譽，會是那一項？
2. 以現時你的團隊整體表現，你認為你的團隊 5 年後，可以發展成怎樣？

3. 你認為你的團隊有何長處？

4. 你認為你的團隊最能加強的長處會是那一項？

5. 你會選擇那一樣的長處來發展成為核心競爭力？

實用工具

1. DOOPARS 表格

2. 行動計劃表

3. 加減乘除檢視表

掃描二維碼下載實用工具